中等职业教育 **中餐烹饪与营养膳食** 专业系列教材

淮扬菜制作

第2版

主 编 徐 明

副主编 姚庆功 许 磊 韩特跃

重庆大学出版社

内容提要

本书以项目为主线,分4个部分介绍淮扬菜的理论知识与实践技能。项目1为绪论,项目2为冷菜制作,项目3为热菜制作,项目4为点心制作。本书理论与实践结合,知识与能力贯通;体系完整,内容丰富,实用性强;图文并茂,文字通俗易懂。本书适合中等职业学校中餐烹饪与营养膳食专业学生使用,也可作为烹饪专业其他层次的学生的参考书。

图书在版编目(CIP)数据

淮扬菜制作 / 徐明主编. —2版. — 重庆:重庆
大学出版社,2020.8
中等职业教育中餐烹饪与营养膳食专业系列教材
ISBN 978-7-5624-8162-1

Ⅰ. ①淮… Ⅱ. ①徐… Ⅲ. ①苏菜—烹饪—中等专业
学校—教材 Ⅳ. ①TS972.117

中国版本图书馆CIP数据核字(2020)第154522号

中等职业教育中餐烹饪与营养膳食专业系列教材
淮扬菜制作
(第2版)
主 编 徐 明
副主编 姚庆功 许 磊 韩特跃
责任编辑:沈 静 版式设计:程 晨
责任校对:邹 忌 责任印制:张 策

*

重庆大学出版社出版发行
出版人:饶帮华
社址:重庆市沙坪坝区大学城西路21号
邮编:401331
电话:(023)88617190 88617185(中小学)
传真:(023)88617186 88617166
网址:http://www.cqup.com.cn
邮箱:fxk@cqup.com.cn(营销中心)
全国新华书店经销
重庆俊蒲印务有限公司印刷

*

开本:787×1092 1/16 印张:14 字数:352千
2014年8月第1版 2020年8月第2版 2020年8月第2次印刷
印数:3 001—5 000
ISBN 978-7-5624-8162-1 定价:59.00元

第2版前言

餐饮行业的发展日新月异，烹饪专业教材是培养餐饮业人才的重要保障，必须契合市场、引领市场，从菜品的成品标准、品种创新、营养构成、法规依据、原料配比等方面都应该根据市场的变化做适时可行的调整。本书对传统淮扬菜进行了梳理和提升，在传承正宗淮扬菜技法方面做了深入的研究，体现了淮扬菜精于刀工、注重本味、清鲜醇和、雅致精美的特点。在继承传统的基础上，对淮扬菜集聚区和新原料、新工艺进行了科学的探索。本次修订，根据餐饮行业发展需求，特别是根据"职教20条"对职业教育的要求进行了有针对性的修订。2019年2月，国务院正式印发《国家职业教育改革实施方案》（"职教20条"）。文件提出，经过5～10年时间，职业教育基本完成由以政府举办为主向政府统筹管理、社会多元办学的格局转变，由追求规模扩张向提高质量转变，由参照普通教育办学模式向企业社会参与、专业特色鲜明的类型转变，大幅提升新时代职业教育现代化水平，这对教材建设提出了更高要求。

本次修订从选题、编写等方面，由行业专家和具有较高学术水平的一线教师一起完成。选题方面，了解专业建设的需要，熟悉编写人员，掌握教材出版情况，进行优化修订；编写方面，掌握专业教学基本要求，熟悉专业教学计划和课程教学大纲，邀请专业教师对教材进行优化。具体修订了以下几个方面的内容：

1. 根据政策法规和行业发展，对教学单元进行了调整，如涉及鱼翅、发菜、野生动植物等国家明令禁止使用的原材料内容进行了删减。

2. 根据现代餐饮业发展特点，从营养学方面考虑，对教学部分内容进行了调整，如对部分传统菜肴中的盐、油用量等方面进行了适当调整。

3. 根据现代餐饮业发展特点，从菜品标准方面考虑，对教学单元部分内容进行调整，如对部分菜肴、主配料用量等进行了适当调整。

4. 根据现代餐饮业发展特点，从菜品创新和原料配比方面考虑，对教学单元部分内容进行了调整，如对部分传统菜肴的组配、原料选用和操作流程等进行了适当调整。

5. 在修订团队详细研读第1版后，对第1版中的部分疏漏和有争议的部分进行了适当的删减和修订。

本书的编写历时1年完成。由江苏旅游职业学院徐明担任主编，并负责全书统稿；江苏旅游职业学院姚庆功负责项目1的编写，江苏旅游职业学院许磊负责项目2和项目4的编写，辽宁省抚顺市第一中等职业技术专业学校韩特跃负责项目3的编写，江苏旅游职业学院邵泽东、吴雷提供全书所需图片，王蓓、陈礼福、王爱红、钱晓丽、陈小宏、闵二虎、沈晖负责菜谱整理工作。在本书编写过程中，走访了许多企业的专家、社会的学者，查阅

了很多烹饪类教材和书籍，在这里不一一列出，对这些专家、学者、作者谨表示衷心的感谢。

　　由于编者水平有限，书中可能出现错误或不当之处，望专家和读者批评指正。

编　者

2020年6月

第1版前言

近几年，餐饮行业不断发展，社会需要越来越多的餐饮一线从业者，并且对他们的专业素养和技术水平提出了更高的要求。作为高素质、高技能人才的主要培养途径，烹饪专业职业教育的重要性更加明显。各职业学校都在紧锣密鼓地进行课程改革，努力提高教学质量。与此同时，相关教材的开发则是推进课程改革的重要保障。《淮扬菜制作》就是在这样的背景下完成的，面向中职烹饪专业学生。

淮扬美食，闻名遐迩，屈指天下，与川、鲁、粤菜齐名，历经几千年磨砺，以其刀工精细、制作考究著称；又以选料严格、精于火工享名；更以口味独特、典雅菜式为世人所瞩。本书是在传统同类教材基础上的提炼和拓展，将淮扬菜烹调工艺的理论知识和菜点制作实践内容有机地结合，体现理实一体，有助于学生全方位地了解淮扬美食。

本书的主要特色是内容设计思路新颖。烹饪专业人才培养的目标是为餐饮企业输送高素质、高技能的专业性人才。餐饮企业厨房生产人员的任职要求就是综合素质高、实践能力强、烹饪操作技术过硬。"淮扬菜制作"是一门综合性的专业课程，对学生职业能力的培养和职业素质养成起主要的支撑作用和明显的促进作用，且与前期开设的烹饪专业理论、实践课程以及后期的专业课程提高和社会实习衔接得当，形成了一个"课程链"的结合体。从淮扬菜冷菜制作、热菜制作到点心制作，以餐饮烹饪职业能力培养为重点，可以与餐饮行业企业合作进行基于工作过程的课程开发与设计，充分体现职业性、实践性和开放性要求。

本书的编写历时1年完成。由江苏省扬州商务高等职业学校徐明担任主编，并负责全书统稿；江苏省扬州商务高等职业学校姚庆功负责项目1的编写，江苏省扬州商务高等职业学校许磊负责项目2和项目4的编写，辽宁省抚顺市第一中等职业技术专业学校韩特跃负责项目3的编写，江苏省扬州商务高等职业学校邵泽东、吴雷提供全书所需图片，王蓓、陈礼福、王爱红、钱晓丽、陈小宏、闵二虎、沈晖负责菜谱整理工作。在教材编写过程中，走访了许多企业的专家、社会的学者，查阅了很多烹饪类教材和书籍，在这里不一一列出，对这些专家、学者、作者谨表示衷心的感谢。

由于编者水平有限，书中可能出现错误或不当之处，望专家和读者批评指正。

编　者
2014年5月

目　录

绪　论

【学习难点】
淮扬菜的历史、流派、特点、现状、未来、创新。
【学习重点】
淮扬菜的常用原料和烹调方法。
【课时数】
2课时。
【教学方法建议】
任务驱动法、问题探究法、项目教学法。

任务1　淮扬菜概述

　　烹饪是文化，是科学，是艺术。淮扬菜是其一大结晶，也是中国烹饪"以味为核心，以养为目的"这一本质特征的一大体现。回溯中国烹饪的历史长河，千古菜系，除了鲁、川、粤外，就是唯一破例以省以下城市及区域称谓的淮扬菜系，又称维扬菜系。

　　淮扬菜与鲁菜、川菜、粤菜并称为中国四大菜系。淮扬菜，始于春秋，兴于隋唐，盛于明清，素有"东南第一佳味，天下之至美"的美誉。许多标志性事件的宴会都是淮扬菜唱主角：1949年中华人民共和国开国大典的盛宴，1999年中华人民共和国成立50周年的宴会，2008年北京奥运会开幕式后宴请各国元首，2014年南京青奥会宴请各国元首，2016年杭州G20峰会招待会，2018年青岛上合组织峰会，2019年中华人民共和国成立70周年国庆招待会，都是以淮扬菜为主。

　　淮扬菜系是淮安、扬州、镇江三地风味菜的总称。"淮"即淮菜，以淮安为代表；"扬"即扬菜，以扬州、镇江一带为代表。淮扬菜系形成于明清，尤以清时为盛。在明清以前，淮安、扬州都是全国有名的大都市，都有各自的饮食文化传统。而淮菜在隋唐之际便已是驰誉神州的中国四大古典菜系之一。明清以后，淮菜和扬菜开始相互渗透、逐渐融合，并糅合南北风味于一炉，从而形成了统一的菜系。

　　淮安、扬州、镇江三地位于长江南北，紧挨京杭大运河，从地理位置上看，是连接南北西东的重要交通枢纽，自古以来就是富庶的鱼米之乡。淮安、扬州早在隋、唐时期就已经相当繁华，当时的淮安、扬州不仅仅是文化交流上发达，更可以理解为淮安、扬州在那个时候便已是消费集中地带。从文献记载可知，淮扬菜的闻名可以追溯到1 000多年前，和淮安以及扬州的文化交流发展、鼎盛过程一样，历经数百年，在清代康熙、乾隆年间达到巅峰。借势于两代皇帝的频频南巡期间屡屡逗留淮安、扬州，到乾隆年间，淮扬菜系已经成为全国四大菜系之一。

1.1.1 淮扬菜的特点

淮扬菜以沿江、沿淮、徽州3个地区的地方菜为代表构成，集江南水乡扬州、镇江、淮安等地菜肴之精华，是江苏菜系的代表性风味。淮扬菜的特点是：选料注意鲜活鲜嫩；制作精细，注意刀工；调味清淡，强调本味，重视调汤，风味清鲜；色彩鲜艳，清爽悦目；造型美观，别致新颖，生动逼真。中国饮食文化源远流长。淮扬菜系作为中国四大菜系之一，以其独特的历史风格和个性风味而名扬四海。

淮扬菜以其选料精细、工艺精湛、造型精美、文化内涵丰富而在中国四大菜系中独领风骚。淮扬菜系在选料方面，注重选料广泛，营养调配，分档用料，因料施艺，体现出较强的科学性；在工艺方面，注重烹饪火工，刀法多变，擅长烧、焖、炖；在造型方面，注重色彩器皿的有机结合，展现出精美的艺术性，可谓淮扬品味一枝独秀。其共同特点是：用料以水鲜为主，汇江淮、湖南特产为一体，禽蛋蔬菜，四季常供；刀工精细，注重火候，擅长炖、焖、煨、焐；追求本味，清鲜平和，咸甜醇正适中。适应面广，菜品风格雅丽，形质兼美，酥烂脱骨而不失其形。滑嫩爽脆而显其味。江苏素称鱼粒头，兼各海产之利，饮食资源十分丰富。淮扬菜肴以清淡见长，味合南北。其中，扬州菜肴素有饮食华彩、制作精巧、市肆百品、夸示江客之誉。

著名的菜肴品种有：大煮干丝、桂花盐水鸭、清炖蟹粉狮子头、平桥豆腐、醋熘鳜鱼、清炒芦蒿、符离集烧鸡、清炒虾仁、火腿炖甲鱼、雪冬烧山鸡、奶汁肥王鱼、扒烧猪头、天下第一球、马蹄鳜鱼等。

1.1.2 淮扬菜的现状

从淮扬菜的历史、地域、形成过程来看，这一切都体现了淮扬菜与扬州不可分割的联系。毋庸置疑，扬州的历史是辉煌的，淮扬菜的历史是灿烂的。但同时我们也发现，随着社会的进步、时代的变迁、多元化的竞争，淮扬菜的发展同样面临严峻的挑战，如今"吃在扬州"并不是绝对的了。扬州——淮扬菜老大的地位，正经历着前所未有的考验，这不得不让人沉思和担忧。

淮扬菜经过历史的高速发展，自然增长的潜能已基本释放，目前有滞后不前的趋势。扬州经济地位出现变化，不再是盛唐时的"扬一益二"，也不再是清初时的交通枢纽，这必然影响到餐饮消费，淮扬菜发展中若干"瓶颈"亟待解决。制约淮扬菜发展的因素是多方面的：

①传统行业整合、改造、提升及新兴产业推进和培育的速度慢。目前，仍主要是由市场自发推动、依靠自身资本积累来发展，产业企业规模小，发展水平低，速度慢，市场竞争力弱，由此造成了扬州的餐饮业始终无法形成大型骨干企业和自己的特色品牌，餐饮业市场资源集约化程度低，市场开拓投入力度小，自发的小、散、乱的"作坊式"生产方式的经济状态多年难改，结构调整和产业升级步履维艰，被动接受市外大企业的辐射，市场份额逐年萎

缩。与此相反,外省市的餐饮集团异军突起,形成咄咄逼人的气势。

②餐饮业体制性矛盾和结构性矛盾突出。餐饮业的改革、创新、发展相对滞后,造成企业老化、弱化,人员素质低下,思想观念落后,因循守旧,封闭保守,接受新生事物接受缓慢,小富即安,发展乏力,进取精神趋弱。

③淮扬菜发展规划滞后。现有的规划和政策远不能适应时代的发展和要求,餐饮企业的市场主体地位尚未完全确立,行业分割和地方保护仍然很普遍。餐饮业体量庞大,业种众多,情况复杂,又缺少实质性的管理引导机构,缺乏务实性的指导、协调功能。

④虽然捧来了"淮扬菜之乡"的招牌,但与杭菜、川菜风行全国相比,我们仍偏安一隅。客观地说,临近地区的淮扬菜发展水平在与扬州不断拉近,甚至有超越的趋势。淮扬菜本身特点的历史优越性,随着时代的进步,显露出不适应、不和谐的音符。制作过程过分精雕细刻,调味单一,缺乏层次性,南北皆宜,个性减弱,加之缺少"取长补短,兼收并蓄,继承传统,创新提高"的新理念,使淮扬菜无长足的进步和提高。

⑤淮扬菜的发展缺少深层次的思考和分析。从市场的角度来看,饮食首先是一种需求,而需求背后隐藏的是"文化"。扬州是个典型的消费型城市,长期以来形成了一种饮食文化,这种文化的继承和发扬,才是扬州饮食业真正的发展方向。同时,随着人流、物流的频繁,消费市场对餐饮的要求也越来越高,这种挑剔就意味着选择,而这种选择往往是由餐饮文化的直觉所决定的。这种餐饮文化不仅仅是做表面文章,还必须有实质性的内涵。

可喜的是,扬州餐饮业的有识之士,已经逐渐意识到上述制约淮扬菜发展的种种因素,正在寻找一条适合淮扬菜大发展的可行路径。目前正朝着良好的势头迈进,不仅有信心使淮扬菜能立足本土,而且有信心走出市门,在中华大地的每一个角落都争上一席之地。我们必须用对立统一的观念,提倡两极思维,单向思维会产生悲观失望的情绪。首先是淮扬菜的认祖归宗,为扬州赢得了"淮扬菜之乡"的金字招牌。中国烹饪大(名)师新鲜出炉后,55个名额扬州占1/3强,使"扬厨"称雄中国烹饪界的地位得以确定。这几年,扬厨在全国各类烹饪大赛中屡获大奖,给淮扬菜增添了光彩。其次,近几年扬州经济发展迅猛,带动了餐饮业的繁荣,近来扬城餐饮红红火火、人气膨胀。只有抓住时机,勇于开拓,不断创新,做大做强淮扬菜,才能使淮扬菜立于不败之地。

1.1.3 淮扬菜的未来

2019年10月,扬州被联合国授予"世界美食之都"的称号。扬州现在正处在经济高速发展时期,淮扬菜正面临着新的挑战。如何创新求变以适应市场、寻求新的经济发展模式,是扬州烹饪界和社会各界必须面对的问题。在城市大发展、新区域中心逐步凸现的大背景下,淮扬菜应抢抓机遇、与时俱进。未来的淮扬菜必须在政府的政策引导下,调整好内部结构,努力打好3张牌,即创新牌、文化牌及产业整合牌。

1)加大政府引导,优化内部结构

各个城市都注重寻找自身的经济增长点,扬州在进行战略规划时,应前瞻性、长远性地将政策引导体现在现代餐饮服务业上。新兴服务业比重不断上升,传统服务业不断萎缩。扬州发展现代服务业,特别是包括淮扬菜在内的"扬州三把刀"现代服务业,要加大政府的政策引导,明确未来发展的机遇和挑战就在服务业上。另外,要优化餐饮业内部结构,调整餐饮服务业需求结构,尤其是优化政府、企事业单位服务消费。同时,加快餐饮服务业体制创

新，建立现代企业制度，加大淮扬菜人才培养的力度，树立淮扬菜做大做强、走出市门、走向国际的市场意识，为淮扬菜的振兴创造良好的政策环境和结构氛围。

2）传承创新求变，不断超越自我

淮扬菜具有悠久的历史和辉煌的昨天。但是，随着社会的进步和人民生活水平的提高，淮扬菜不能停滞不前。一方面在于消费习惯发生了变化，饮食消费从原来的温饱型向现代营养型发展，消费者就餐也不再满足于吃饱，而重在营养、健康、享受。另一方面，近几年来，川、粤、杭等菜系纷纷进驻扬州，淮扬菜也要冲出扬州。菜系之间相互渗透和影响，淮扬菜要保持过去的良好势头，维持自己的一席之地，只有在保持其鲜明特点的基础上，不断开拓创新。面对挑战，淮扬菜只有放下架子，走发展和创新之路，才有更加广阔的前景。而发展与创新，需要坚持一个总的指导思想，这就是取长补短，兼收并蓄，继承传统，创新提高。具体来说，要继承和发展有代表性的品种，改良和调整淮扬菜的部分品种，以传统风味特色为基础，博采众长，融汇演变，在原料、口味、器皿以及烹调技法上要有新的突破，重视人才的培养，搞新潮淮扬菜的研究和开发，提升淮扬菜的市场适应能力。

3）品牌造就佳肴，文化调佐美味

目前，放眼中国餐饮业，流派纷呈，各领风骚。激烈的市场竞争让许多餐饮企业走上了品牌发展之路，纷纷在硬件和管理上下功夫，更注重让顾客感受到餐饮企业的服务、文化等品牌附加值的魅力。在不同的饭店，顾客能感受不同的文化氛围。扬州有丰厚的历史底蕴，有深厚的文化根基，找到文化和餐饮的结合点，把文化优势变为淮扬菜的优势，可以解决许多淮扬菜发展中的问题。研究淮扬菜的历史文化传承，可以为淮扬菜的发展提供更多的技术支撑。

应该说，淮扬菜在饮食文化上已经做了许多探索和研究，如淮扬火锅文化的研究，"八怪饮食"布衣文化的研究，扬州土家饮食文化的研究，少游、红楼、汪曾祺饮食研究，研究的范围不仅有实质性的内容——菜点品种，而且还有人文气息、环境设计、餐厅布置、地方风情戏表演、员工衣饰与言谈举止、菜单内容等，使人在品尝淮扬美味佳肴的同时，享受一顿丰盛的文化大餐。

实际上，对淮扬菜的文化研究还有更深层次的内容值得挖掘和探讨，如淮扬菜的系列文化宴——盐商宴、板桥宴、八怪宴等，要探求形成淮扬菜饮食文化的传统土壤，扬弃结合，理性选择，做到饮食文化天人合一，和谐本土，使淮扬菜的饮食文化能有新的突破。

4）强化现代意识，融入科技含量

未来的餐饮业是个什么样？不容置疑是工业化的生产、标准化的产品、规范化的操作、连锁化的经营。这是不可抗拒的时代潮流，任何人也无法阻挡。淮扬菜亟待插翅高飞，开拓广阔市场。最令人神往的翅膀是工业化，淮扬菜在这方面已经迈出了探索的步子，如创中国菜肴发展史之先例的"扬州炒饭"标准化的执行；"扬州包子"凭借速冻技术工业化生产走进大卖场、连锁超市；"放心早餐"的联动式摊点经营；仪征"馋神"食品公司的工业化生产，等等。但是淮扬菜品种多、精品多，让各种淮扬菜真正进行工业化生产，还有很多难关要闯。坚冰既已被打破，借助科技"呼风唤雨"，各种淮扬菜风风火火闯市场的火热场面，是不难预见的。

淮扬菜符合大众口味，生产有独特的技艺，进行工业化生产将使这些特点得到更大发挥。淮扬菜要想从小家庭、小饭局进入大市场，只有工业化生产才能实现，才能走出扬州，走向全国，占领更大的市场。淮扬菜工业化生产是时代发展的要求，扬州在这方面已经具备了条件。加上政府支持、资源整合、科技攻关、多渠道投资，淮扬菜的前景一定是美好的。

扬州餐饮业要想走出扬州，做大做强，还必须在现代企业制度、经营人才上下功夫，输出技艺、品牌、人才，是淮扬菜走出扬州的重要形式。扬州是全国烹饪教育层次最全的城市，有研究生、本科、高职、中专层次的独立院校6所，每年培养本科及以上学生200人左右，高职生400人左右，中专生1 000人左右。众多院校重视的是烹饪技术人才的培训，而忽视了餐饮经理人才的培养，造成餐饮业烹饪技术一手硬、经营管理一手软、菜肴创新一腿长、营销创新一腿短的窘境，制约了扬州餐饮企业连锁经营。因此，扬州餐饮业要步入品牌化、规模化的发展轨道，必须从大力培养现代餐饮业职业经理人开始。

淮扬菜应当志存高远、目光远大，淮扬菜发展的战略目标是走向国际，成为一个世界性的饮食流派。弘扬淮扬菜，任重而道远。我们坚信，通过扬州人的共同努力，团结奋斗，与时俱进，淮扬菜一定会在新的时期谱写新的篇章，再创新的辉煌。

1.1.4 淮扬菜的创新思路

应该说，精、细、考究、原汁原味、注重食用与艺术、力求完美是淮扬菜的精髓，也是淮扬菜成功的所在。但如何保持原有的特点又能创新？如何在众多的竞争市场中找到自己的定位？我们不得不从这些菜系的成功中去找答案。

1）平民大众化

淮扬菜一直以贵族身份出现，从满汉全席到开国第一宴中就可以看出。而菜系共同发展的思路就是以大众为基础，以开发大众菜和高档菜并存。淮扬菜可以走高精路线与平民路线，结合本身的特点，重新定位于中高端，而非贵族化，毕竟时代在发展。

2）搭配更合理

一直以来，淮扬菜以营养丰富、滋味中和为主。但现在的饮食观念以少油、低盐、低糖、营养均衡为主导。结合淮扬菜强调本味的特点，在菜肴配料上从营养学的角度进行搭配更合理，以更接近人体吸收为主导，突出养为先。

3）深挖民间菜

淮扬菜以扬州、淮安、南京等地方菜为主。淮扬菜走到今天，在保有原有菜肴的同时，只能把眼光放宽，从江苏全省来选择菜肴，从而丰富淮扬菜的品种。如农家菜、粗菜、江鲜、民间菜等，又如南京的江宁老鹅、六合猪头肉等。

4）借鉴

一直以来，中国菜系的兼并吸收让中国菜的发展进入快速发展时代，而淮扬菜系在保持原有清淡重味的基础上需要借鉴的有：加工方法，如川菜百菜百格的特点；技术特点，如粤菜的味汁综合；突破传统，如海派的浓油赤酱的改良；老菜翻新，如杭帮的老菜新做；洋为中用，如西餐中的水果与酒类的入菜。这样，也许能让淮扬菜走出来成为可能，也许会被人评说，但用市场之手来推动一个菜系的发展，何乐而不为？

5）文化

淮扬菜的本身文化就已经很丰富了，结合菜品自身的特点，加上文化的内涵赋予菜

品新的特点，打好文化内涵这张牌。

 课后思考题

1. 淮扬菜的特点有哪些？
2. 简述淮扬菜的历史。
3. 淮扬菜应该如何创新？

任务2 淮扬菜烹饪常识

1.2.1 淮扬菜常用原料

淮扬菜肴所用的原料种类很多，常用的原料有数百种，可分为粮食、蔬菜及豆制品、肉类及肉制品、家禽及蛋品、水产、野味、干货、山珍海味、水果、调味品等。

1）粮食

粮食是重要的烹调原料，不仅可以作为我国广大人民的主食品，而且可以制作各种点心，并作为制作菜肴的辅料或主料。淮扬菜肴使用的粮食类原料，主要是面粉、米粉、糯米、山芋、粉丝、豆粉、面筋等。

2）蔬菜及豆制品

蔬菜品种繁多，营养丰富，按其结构和可食部分，可分为六大类。

（1）叶菜类

可食部分是肥嫩的菜叶和叶柄，含有大量的叶绿素、维生素和矿物质，营养价值很高。常见的有大白菜、菠菜、芹菜、卷心菜、韭菜、荠菜、苋菜、香菜等。

（2）茎菜类

可食部分是细嫩茎，富含淀粉、糖分和蛋白质，少数（如葱、蒜）为天然芳香物。茎菜分为两类：一类是地上茎，如莴苣、蒜苗、竹笋、茭白、紫菜薹等；另一类是地下茎，如马铃薯、芋头、荸荠、慈姑、洋葱、大蒜头等。

（3）菜根类

可食部分是变态的肥大直根，含有丰富的糖分和蛋白质。常见的有萝卜、胡萝卜、山药、芥菜头等。

（4）果菜类

可食部分是菜的果实，富含糖分、蛋白质、维生素C，果皮含有色素，色彩鲜艳。常见的有番茄、茄子、辣椒、冬瓜、南瓜、丝瓜、黄瓜、四季豆、毛豆、豇豆、蚕豆、豌豆等。

（5）花菜类

可食部分是菜的花部器官，常见的有花菜、黄花菜等。

（6）杂菜类

不属于以上5类的归在杂菜类，如鲜蘑菇、木耳、豆芽菜等。豆制品方面，常用的是豆腐、干子、百叶以及豆浆、豆腐皮、豆腐乳等。

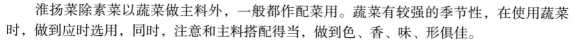

淮扬菜除素菜以蔬菜做主料外，一般都作配菜用。蔬菜有较强的季节性，在使用蔬菜时，做到应时选用，同时，注意和主料搭配得当，做到色、香、味、形俱佳。

3）肉类及肉制品

淮扬菜肴用得最多的肉类是猪肉、猪肝、猪腰、猪肠、猪肚、猪油等，牛、羊肉及其内脏次之。肉制品以肉皮、火腿、蹄筋使用的范围较广，香肚、香肠次之。

猪肉纤维细软，富含脂肪，滋味鲜美，几乎适用于各种烹调方法。

猪肝营养丰富，是内脏中应用较广的一种，适合炒、熘、炸、氽等多种烹调方法。猪肝根据其性质分为米肝、紫肝、面肝、血肝、铁肝5种，以米肝为最佳。米肝色呈鲜红略带黄，质地细嫩；紫肝呈紫色，品质稍次；其余3种猪肝的质量较差。

猪油可分为板油和水油两种。板油脂肪厚、香味好、色白；水油脂肪薄，含水量大。水油可分为网油、鸡冠油、胰子油3种。网油是水油的中间部分，筋多似网，质量仅次于板油，可做菜肴的调料；鸡冠油贴近小肠，形成鸡冠；胰子油数量很少，一般不用。

火腿由猪后腿腌制而成，具有特殊风味。在淮扬菜制作中，火腿使用很广，如制冷碟、做蜜汁、清炖、切丝、斩蓉等。

4）禽蛋类

家禽包括鸡、鸭、鹅、鸽等，其中鸡使用比较普遍。鸡肉纤维细嫩，滋味特别鲜美。在制作鸡肉时，除用熘、炒、炸、爆等烹调方法外，还常常清炖，并用鸡汤做调料。

鸭肉纤维较鸡肉粗，皮下脂肪多，味鲜，但略带腥臊味。鸭在使用上一般都以整只做原料，分档、散使用不多。

鹅肉纤维较鸭肉略粗，平时多用于卤菜或用于红烧、扒等。

菜鸽肉质细嫩、味鲜，熘、炸、爆等均可。

蛋类方面，主要用鸡蛋。鸡蛋不仅可以做主料，还可以做配料，适用范围广。此外，还可用于调浆、制糊。鸡蛋是制作淮扬菜的必备原料。

鸭蛋（包括咸鸭蛋）使用不多，而鸭蛋制品（如皮蛋）使用较多，是冷菜中常用的一种原料。

鸽蛋一般在宴席上使用，如制虎皮鸽蛋等。

5）水产品

水产品不仅产量大、味美，而且含有丰富的营养成分，易于消化和吸收，是广大群众喜欢的食品之一，水产品包括鱼、虾、蟹等。

鱼在水产品中占有重要地位，其营养成分与家禽大致相同。鱼的纤维组织特别松软，肉质细嫩鲜美。鱼的种类很多，根据生存条件的不同，可以分为咸水鱼和淡水鱼两类。

淮扬菜制作中较少使用咸水鱼，而以淡水鱼为主。最常用的鱼有鳊鱼、白鱼、鲤鱼、鲫鱼、刀鱼、鲥鱼、黄鱼、鲨鱼等。青鱼宜烧，鳜鱼宜熘，鲫鱼做汤，切鱼圆一般选用鲢鱼、青鱼等。

虾可分为淡水虾和海水虾两类。淮扬菜制作中，用淡水虾居多，很少用海水虾。淡水虾又可分为江虾、河虾、湖虾、塘虾、沟虾等，其中以江虾最佳。江虾体大发白，肉质结实，滋味鲜嫩。河虾、湖虾色泽白中带黄，肉质仅次于江虾。塘虾、沟虾呈青黑色，体小，肉少壳厚，肉质稍次。常见的虾的烹制方式是炒虾仁、切蓉，或整只炝、炸等。

蟹有河蟹和海蟹两种。淮扬菜一般不用海蟹，而用河蟹。河蟹通常分为湖蟹、江蟹、洲蟹、沟蟹4种。其中，湖蟹体大，壳薄，发青色，肉较肥，如高邮、邵伯湖所产的蟹，品质较好。其次是江蟹和洲蟹，江蟹暗黄色，洲蟹青黑色。而肉质最美的是沟蟹，色如泥，爪如钩，壳如纸，脐有眼。

蟹在淮扬菜制作中，通常以整只剔肉较为常见。在烹制时，要用姜、醋、胡椒等去腥味。

其他水产品主要有河蚌、蛤蜊、蚶子、海蜇、海带等。

6）干货

这类原料主要是指干制的果实，如白果、栗子、西米、莲子、枣子，以及一些经过加工的制品，如榨菜、粉丝、脱水菜等。

7）山珍海味

山珍海味是指一些高级的干制品，如海参、燕窝、鱼肚、鱿鱼等。此外，还有一些干制的食用菌类，如银耳、木耳、口蘑、香菇等。

8）水果

淮扬菜常用的鲜水果有橘子、苹果、樱桃、枇杷、菠萝、桃子、梨子、西瓜、香瓜等，一般都用来烹制甜菜，但也有少数水果作配菜用。

9）调味料

调味料主要有食盐、食糖、醋、味精、虾籽、咖喱粉、酒、花椒、茴香、桂花精卤、桂皮、八角、丁香、胡椒、酱油、姜、葱、甜酱、辣酱油、豆腐乳、牛奶等。

食用油是必备的原料，其作用不仅是调味，而且还可借以传热，保持菜肴的鲜嫩（如炒菜），或促使菜肴发松、发脆（如炸）。食用油可分为动物油和植物油两类。动物油以猪油为宜；植物油有豆油、芝麻油、菜油、花生油、色拉油等。淮扬菜烹调时以猪油、精制植物油、花生油为主，芝麻油其次。

10）其他类

除上述各类原料外，淮扬菜的原料还有香花，如菊花、玫瑰、玉兰、桂花、荷花、兰花、夜来香等。以香花做原料的菜，大多数取其香味。在没有新鲜货源的情况下，也有使用罐头食品的，如凤尾鱼、油焖笋、冬笋、菠萝、樱桃、枇杷、桃子、梨子、橘子、炼乳等。

矿物性原料，包括石碱、苏打、发酵粉等。

此外，也有用龙井茶叶做原料的，如龙井虾仁、龙井鱼片等。

1.2.2 淮扬菜肴选料

烹调前认真选料很重要。菜肴质量的好坏，一方面取决于烹调技术；另一方面则取决于原料本身的好坏，以及选用是否适当，如选料不当，就会直接影响菜肴的色、香、味、形，影响淮扬菜四季特色的体现，甚至影响人们的身体健康。

1）熟悉各种原料的生长季节

各种原料都有生长规律，有肥壮时期和瘦弱时期。应当根据季节来选料，如春季选用春笋、刀鱼、菜薹、韭菜芽等；夏季选用鳝鱼、黄瓜、辣椒、毛豆等；秋季选用螃蟹、茭白、青蒜等；冬季选用冬笋、韭黄等。有的原料上市季节很短，如鲥鱼，从立夏至端午节期间洄游长江产卵，过了这段时期，质量就大为逊色了。再如，螃蟹的季节性也很强，中秋时上市，重阳前后最为肥美可口，俗话说"九月团脐（雌蟹）十月尖（公蟹）"，就是说九十

8

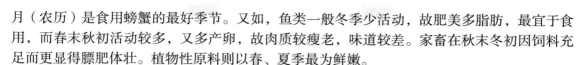

月（农历）是食用螃蟹的最好季节。又如，鱼类一般冬季少活动，故肥美多脂肪，最宜于食用，而春末秋初活动较多，又多产卵，故肉质较瘦老，味道较差。家畜在秋末冬初因饲料充足而更显得膘肥体壮。植物性原料则以春、夏季最为鲜嫩。

2) 掌握同一原料不同品种的特点

我国土地辽阔，物产丰富。由于各地自然环境、原料品种以及种植管理方法不同，因此同一种原料往往有不同的品种，质量也有高有低。例如，鸡中的狼山鸡和九斤黄，就各有特色。熟悉不同产地的原料，就可以采购优质原料，并根据原料的特点，采取相应的烹调方法。

3) 了解各种原料不同部位的用途

猪、牛、羊、鸡、鸭等，其各部分肌肉都有肥瘦、老嫩之分，分别适合不同的烹调方法。猪的里脊肉又瘦又嫩，可以切成肉丝、肉丁、肉片；猪的肋条则有肥有瘦，宜用于红烧。蔬菜根、茎、叶的质地和色泽均有不同的特点。因此，在选用原料时，必须根据不同部位的特点，做到分档使用。这样既可以提高质量，又可以物尽其用。

4) 善于鉴别各种原料的质量

对各种原料的质量要进行检验，应尽量选用较好的原料。这不仅关系到菜肴的色、香、味、形，更重要的是关系到人们的健康。原料的质量，一般包括新鲜程度、肥瘦、老嫩、大小和是否变质。为了能选到质量较佳的原料，必须掌握鉴别各类原料质量的方法。一般来说，鉴别原料质量的方法有感官检验、理化检验以及微生物检验等，目前最简便易行的方法是感官检验，即凭人们的感官，检验原料的形状、色泽、气味、质地等。禁止使用带有病菌、含有毒素的原料。

5) 遵循节约的原则，充分利用"边皮"和"下脚料"

实际上，下脚料同样可以烹制出美味佳肴。淮扬菜中的黑鱼两吃，便是把鱼的全身都利用了，头骨、肠煨汤，鱼肉切成片，用作炒鱼片。

1.2.3 淮扬菜肴的刀工要求

刀工是为烹调服务的，刀工的好坏对烹调菜肴成品的质量影响很大。要掌握好刀工，必须了解刀工方面的几项基本要求。

1) 原料配切

要求块块成形，大小一致，厚薄均称，长短相等。只有这样，才有助于提高菜肴的质量。如氽、爆等烹调方法，火力较大，时间较短，因此，原料加工的形状不能过大、过厚，否则，味道不容易浸进去，也不容易熟透。又如炖、焖等烹调方法，火力较小，时间较长，因此，原料加工的形状可大一些、厚一些，否则，容易碎烂成煳焦。

2) 持刀用刀

要求用力均匀，轻重适当，不能使加工出来的条、块、丝、片连在一起，似断非断。这不仅影响美观，而且给烹饪带来困难，薄的、小的、细的容易烧过火，拖连在一起则难以成熟。

3) 用料

要求合理用料，量材使用，节约用料。特别是大料需要改制小料时，落刀前要心中有数，使其各部位能得到最大限度地合理使用。例如，一只火腿，可分为上令、中方、油头、腿筒、脚爪等部分。上令肉嫩、质量最好，可配冷盘或切火腿丝；腿筒可以切块，制蜜炙腿筒；油头也可切块，做炖汤或蜜炙用。

4）刀法

根据原料的不同特性，运用不同的刀法，切成不同的形状。例如，同是切，对待脆性原料（土豆、莴苣、茭白等），可用直刀切法；如果是韧性原料（牛肉、猪肉），可用拉刀切法。同是肉块，不带骨的应比带骨的略大一些。同是切肉丝，牛肉筋络多，就要横着肉纤维的纹理切，筋腱容易切断，炒熟后不老。猪肉较嫩，肉中筋少，可以斜着纹理切。

5）配菜要求及方法

（1）对配菜人员的要求

配菜是烹调前设计菜肴构成的一道重要的工序，对菜肴的色、香、味、形有很大的影响。

①熟悉原料的质地和特点。每一种原料（尽管已经经过刀工处理或其他初步加工处理）都有各自的特点。例如，牛肉较坚韧，猪肉较肥厚，冬笋、韭芽较鲜嫩等。就同一种原料而言，也有质量的差异，如毛豆，有的饱满，有的瘦小；又如鲥鱼，产卵前较肥嫩，产卵后则老瘦。所以配菜人员应该熟悉原料，了解其特点与质地，以便更合理地选择原料，充分利用原料。质地脆的应与脆的配在一起，质地软的应与软的配在一起，如爆双脆，肚和肫都是脆中带韧的原料。

②注意原料色彩搭配的和谐。在配菜中，要注意利用几种原料的天然色彩，使菜肴色彩鲜明，美观悦目。一般来说，在配色上，有顺色与异色两种方法。顺色是指当构成某一菜肴的主料是红色时，辅料也以红色陪衬；如果没有很一致的色彩来陪衬，则应尽可能地选择近似主料颜色的辅料陪衬。异色是指当构成某一菜肴的主料是红色时，选择绿色的辅料与之反衬，这样往往起到"绿叶扶红花"的效果。例如，在芙蓉鸡片中，鸡片是白色的，配上丝瓜、豆苗、火腿末等辅料，则有红、绿、白多种色彩，使整个菜肴更加悦目。

③力求主料形状与配料形状美观统一。因为一个菜肴多是由几种原料配制而成的，所以应注意原料切配后形状的配合，以达到整齐、均匀、一致的效果。例如，茭白炒肉丁，茭白的形状应该是丁，以与肉丁相合。

④做到口味调和。在配菜中，要注意与原料的口味相配。比如，鸡本身的滋味很鲜，配上鲜笋片、冬菇同烧，则味道更加鲜美。又如，海参本身没有什么滋味，配上鸡汤或虾、干贝一类的鲜货煨汤，其滋味就非常鲜美。

⑤配好营养成分。各种原料的营养成分是不同的，如果适当地将几种营养成分不同的配料放在一起烹制，不仅可以提高菜肴的营养价值，而且能改善菜肴的口味。如菜心炒肉，肉的脂肪含量很丰富，菜心的维生素含量较高，将两者结合在一起，可以使菜肴油而不腻，鲜美可口。

⑥了解库存和市场供应情况。配菜人员还应了解市场供应情况和库存情况，做到心中有数，切实做好菜肴的供应工作。

（2）配菜方法

①完全由一种原料构成的菜肴。因为这种菜肴是由一种原料独烧，所以在配制时，要注意两点：一是充分利用这一原料的长处；二是避免用大蒜、洋葱之类有特殊气味的菜独烧。比如，砂锅全鸡、香酥鸭等菜肴，应尽量选用体大肉厚、外形丰满的鸡和鸭。宰杀时，应缩

小刀口；煺毛时，要保护外皮；开膛时，一般采用脊开和胁开。

②由主料和辅料配制的菜肴。这种菜肴比单一的菜肴实惠，既经济又适口，而且营养价值高。如清炖蟹粉狮子头，狮子头是由猪肉与蟹肉制成的，配上菜心同烧，则色、形美观，菜心鲜嫩，肉圆味美，且无油腻感。

③由几种同等分量的原料配成的菜肴。这种菜肴中的三片汤，就是由肉片、腰片、鱼片配制而成的，这三片不分主、辅料，分量大体相等。一般来说，这种类型的菜肴营养价值丰富，味道也相当鲜美。

④花色菜的配制方法。花色菜的配制比一般菜肴的配制要复杂一些，在色、形方面尤为突出。

下面介绍几种常见的花色菜配制方法：

A. 叠法。叠就是把相同颜色、香味的原料，分别加工成相同的形状，间隔地叠在一起，中间涂一些糊状物，如锅贴鸡。

B. 穿法。穿就是把整个或部分的出骨原料（如鸡、鸭）在出骨的空隙处凿成孔状，嵌入其他原料，使其形状美观，如兰花凤翼。

C. 卷法。这类菜肴很多，如三丝鱼卷、熘松子牛卷等。

D. 扎法。扎又称捆，是将切成条状或片状的原料，用黄花菜、海带、干菜等，一束一束地捆扎起来，如柴把鸭子。

E. 排法。排主要是利用色彩不同的原料，进行间隔排列，如葵花鸡片、兰花鸽蛋。

1.2.4 淮扬菜肴调味要求及方法

1）调味的作用

调味是烹调过程中的一个重要步骤，其主要作用如下：

（1）去腥解腻

有不少动物性原料，如牛肉、羊肉、水产品，往往有较重的腥味，猪肉又较油腻。为了解除这些腥味与过重的油腻，必须借助于调味品调味。

（2）减轻异味

有些原料含有特别的异味，如辣椒的辣味、萝卜的苦味。在烹制过程中，加一些盐、酒、味精、葱、姜等调味品，就可以抑制或减轻异味。

（3）增加美味

有些原料本身味道很淡或很单一，如豆腐、粉皮、海参等，本身几乎没有什么滋味，必须靠调味品，如加入鲜汤、葱、姜、蒜、糖、味精等，就可以使菜肴味美。

（4）确定口味

菜肴的滋味，主要是依靠调味来确定。如同是排骨，使用糖醋汁，就成糖醋排骨，使用椒盐调味，就是椒盐排骨。

（5）增加菜肴的色彩

菜肴经过调味，往往会增加色彩。如用牛奶、味精、盐等调味品，就可以使鱼片、鸡片等菜肴熟后色泽洁白；如用番茄汁、酱油等，就可以使菜肴成玫瑰色或酱油红。

2）几种常用复合味调味品的配制

很多调味品除了可以增加菜肴的滋味，还能改变菜肴的色彩，使菜肴的色泽鲜艳。有两种或两种以上味道的调味品，除商店有出售外，往往需要烹调人员自己进行复制加工。现将几种常用的复合味配制方法叙述如下：

（1）糖醋汁

①制作原料。植物油50克，醋50克，黄酒10克，白糖50克，酱油10克，水100克，淀粉20克，葱、姜、蒜末少许。

②制作方法。先将油锅烧热，下葱、姜、蒜末炒几下，香味透出时再下黄酒、水、酱油、白糖、醋，烧沸后，用湿淀粉勾芡即成。

（2）椒盐

①制作原料。花椒、盐，两者比例约为4∶3。

②制作方法。先将花椒去籽后，放入锅中炒到焦黄，取出后碾成细末。将盐放入锅中炒至盐内水分蒸发干、能够粒粒分开时取出。再将花椒末与细盐放在一起炒拌均匀即成。

（3）香糟

①制作原料。酒糟500克，酒200克，白糖250克，盐30克，花椒少许。

②制作方法。先将酒糟用酒化开，加入白糖、盐调和，加入少许花椒，将糟的渣滓沉下去掉，再用纱布过滤后即成。

（4）咖喱油

①制作原料。咖喱粉750克，洋葱末250克，蒜泥125克，花生油500克，生姜末250克，香菜叶5片，胡椒粉和干辣椒少许。

②制作方法。先将油倒入锅中，待热后，将洋葱末和生姜末投入，略炒呈深黄色后，加入蒜泥、咖喱粉、胡椒粉和干辣椒，炒透后加入香菜叶即可出锅使用。如需要浓一些，还可以加些干面粉。

（5）芥末糊

①制作原料。芥末粉500克，醋375克，白糖15克，植物油125克，水375克。

②制作方法。先用温水和醋调拌芥末粉，再加入植物油和白糖调和拌匀。因为白糖、醋能去苦味，油能使色泽光润，所以调拌后即可成为香辣无苦味的芥末糊。不过调拌后当时不能使用，须静置几小时后才能清除苦味，显现出香辣味。

3）调味的方式

（1）调味时间

①菜肴加热前调味。使原料在加热以前，有一个基本味，并能去除一些原料的腥膻味。具体方法是：先用盐、酱油、酒或白糖等调味品调拌或浸渍一下，然后再进行加热。如爆鱼、烧鱼、叉烧等在下锅烹制前都要用酱油浸渍一下。

②菜肴加热过程中的调味。大部分菜肴是在加热过程中逐渐加入调味品的，要根据不同的烹调方法、菜肴的具体要求来决定调味的时间。如炒、爆之类，往往是将几种调味品放在一起调拌好（兑汁），以便在烹制时迅速使用。

③菜肴加热后的调味。如白斩鸡等，在装盘后再将卤汁浇淋上去。

（2）调味注意事项

①下料的分量、品种要恰当。

②要适应地方口味和季节变化。

不同的原料，要用不同的调味品。新鲜的鸡、鱼、虾、蔬菜等，调味不宜太重。对有浓厚腥臊味的原料，在制作时，应多加些葱、姜、酒等，以除去异味。对一些本身没有什么味道的原料，如燕窝等，在调味时应多加些鲜汤，以增加菜肴的滋味。

1. 制作淮扬菜时，常用的原料有哪些?

2. 淮扬菜在选料上有哪些要求?

3. 淮扬菜调味的方法和要求有哪些?

项目 **2**

冷菜制作

任务1 生制冷吃

冷菜是通过各种不同的成熟方法，加工成符合制作要求的熟制品，这一过程称为冷菜的制作。

冷菜的加工成熟，其意义不完全等同于热菜的加热成熟。冷菜的加工成熟既包含了通过加热调味的手段将原料加工成熟，又包含着直接调味将原料制"熟"，而不通过加热的方式。

许多冷菜的烹调方法是热菜烹调方法的延伸、变革和综合运用，但又有自己独立的特点。最明显的差异是热菜制作有烹有调，而冷菜可以有烹有调，也可以有调无烹。热菜烹调讲究一个热字，越热越好，有的甚至到了台面还要求滚沸。而冷菜却讲究一个"冷"字，滚热的菜，需要放凉之后才装盘上桌。

从与客人接触的时间顺序来说，冷菜更担负着先声夺人的重任。因为不必担心在一定时间里菜肴温度的变化，这就给刀工处理及装饰点缀提供了条件。冷菜的拼摆是一项专门的技术。冷菜还可以看作开胃菜，是热菜的先导，引导人们渐入佳境。所以，冷菜制作的口味和质感有其特殊的要求。

冷菜的特点是鲜、香、嫩、无汁、入味、不腻。这个鲜指原料新鲜，口感鲜美。冷菜最忌腥、膻等异味及原料不新鲜。有些腥味在一定的温度中不是很明显，一旦冷却下来，异味就很明显了。从生理学的角度来讲，人的味蕾感觉味道的最佳温度在30 ℃，而冷菜的温度通常在10~20 ℃，有些冷菜需经冰箱冷藏，其温度还要低。所以，要突出原料的鲜美滋味，在选料和调味时应考虑以下因素：

①冷菜的香与热菜的香不同。热菜的香味是随着热气扩散在空气中，被人所感知。而冷菜的香则必须在咀嚼时才被人所感知，所谓"越嚼越香"。它要求香透肌理。因为这是一种浓香，所以许多冷菜要重用香料。另一种香是清香，这种香是淡淡的，能给人以清新爽快的美感。

②冷菜的嫩，有脆嫩、柔嫩、酥嫩、熟嫩几种。脆嫩主要是些植物原料，能给人以爽口不腻、清香淡远之感。柔嫩常与疏松连在一起，入口咀嚼毫无阻力，是一种特殊的口感。原料主要是素料。酥嫩的质感较耐咀嚼，主要是些较为老韧的原料，在反复咀嚼中，能体味原料的本味与渗入的调味混合后的特殊美味。熟嫩是在加工中断生即起的原料质感。这些原料都比较嫩，加热时间又不长，故成熟之后仍含有较多水分，咀嚼之中有阻力，却不大。因为加热时间不长，调料与原料结合不紧密，所以更能体味原料的本味。

③冷菜无汁、入味、不腻也是区别于热菜的一个很明显的标志，三者又是相辅相成的。冷菜烹制不勾芡，装盘之后基本不带卤汁。形体小的原料在烹调中周身着味即可，形体大的原料就必须掌握好火候，采取必要手段让原料入味。

冷菜的制作，从色、香、味、形、质等方面，较热菜有所不同。冷菜的制作具有独立的特点，与热菜的制作有明显的差异。如何才能制成符合冷菜制作需要的材料，这就要求我们熟悉并掌握冷菜制作的常用方法。

冷菜制作主要从生制冷吃和熟制冷吃两方面进行介绍，主要介绍拌、炝、酱、腌、卤、冻、酥、熏、腊、水晶等常用的冷菜烹调方法。

2.1.1 拌

拌是把生的原料或晾凉的熟原料，切制成小型的丁、丝、条、片等形状，加入调味品，调拌均匀后直接食用的方法。拌制菜肴具有清爽鲜脆的特点。

拌菜在冷菜制作中很常见，因此拌成为冷菜制作的最基本方法之一。拌菜菜品由于没有成熟过程，操作比较简单，因此对原料的形状有比较高的要求。通常情况下，拌菜多以片、条、丝、丁等形态出现。在调味上，追求的是爽口、清淡，因此调味时以无色调味品居多，较少使用有色调味品，特别是深色调味品。由于拌菜所需要的成品质感要求脆嫩，因此在选料时通常选用新鲜脆嫩的植物性原料，如黄瓜、莴苣等。

拌双脆

【用料规格】海蜇皮100克，白萝卜100克，姜丝10克，葱丝10克，酱油5克，白糖2克，香醋2克，胡椒粉1克，盐3克，味精1克，香油2克，温水等适量。

【工艺流程】海蜇→切丝→浸泡→萝卜→切丝→腌制→拌

【制作方法】

①先将海蜇皮洗净，切丝，用清水浸泡3～4小时，剥去表层的膜，再用温水烫一下，捞起，沥干水分。

②萝卜洗净切成细丝，加盐腌约15分钟，挤干水分，和海蜇丝拌在一起，加适量的酱油、白糖、香醋、味精、胡椒粉、香油拌匀即成。

【制作要点】

①浸泡海蜇时，一定要把咸味漂净。

②烫制海蜇时，要把握好水温。

③各种调味品的投放要掌握好比例。

【成品特点】口感清爽，脆嫩爽口。

鲜笋拌鸡丝

【用料规格】熟鸡肉100克，笋75克，熟花生仁20克，熟芝麻10克，葱15克，蒜泥5克，花椒粉15克，红油25克，盐1.5克，酱油5克，白糖2克，味精1克，冷鲜汤30克，香油5克，清水等适量。

【工艺流程】笋子、葱、熟鸡肉→切丝→拌味→装盘→撒芝麻、花生仁

【制作方法】

①将熟鸡肉切成长5厘米、粗0.4厘米的丝，将笋切成长4厘米、粗0.3厘米的丝，将花生仁切成0.3厘米的颗粒，将葱切成细丝。

②将笋丝放入沸水锅中焯水，捞出，晾凉待用。

③将盐、味精、白糖、蒜泥、红油、香油、冷鲜汤、酱油、花椒粉调成麻辣汁后，与鸡丝、笋丝、葱丝拌均匀装入盘内，撒上芝麻、花生仁即成。

【制作要点】

①鸡丝要粗细均匀，长短一致。

②在调制味汁时，要掌握好口味。

【成品特点】色泽棕红，鸡丝细嫩，笋子脆嫩，麻辣味浓，鲜香爽口。

凉拌金针菇

【用料规格】金针菇100克，香菇20克，芹菜20克，胡萝卜半个，红辣椒2个，仔姜5克，料酒、郫县豆瓣酱、镇江香醋、白糖等适量。

【工艺流程】切丝→煸炒→拌入调味品

【制作方法】

①将金针菇切成8厘米长的段，香菇切丝，芹菜切段，胡萝卜切细丝，红辣椒切细丝，仔姜切细丝。

②油锅烧热，先下姜丝、辣椒丝爆炒，淋料酒。

③放入红萝卜丝、香菇丝、芹菜段炒熟。

④放入金针菇炒，加郫县豆瓣酱、镇江香醋、白糖，翻炒片刻，即可出锅。

【制作要点】炒金针菇的时间不宜长。

【成品特点】软、脆、滑、香、咸、辣，鲜美爽口。

凉拌西芹

【用料规格】西芹200克，花生油、香油、盐等适量。

【工艺流程】西芹初加工→洗涤→焯水→切段→调味→凉拌

【制作方法】

①将西芹的叶子择去，洗净。

②锅内放水，烧开，放少许花生油，将西芹放入，焯水。

③将西芹捞出放入冷水中过凉，去皮，切段，装盘，撒上少许食盐拌匀，倒入少许香油

再拌匀即可。

【制作要点】

①掌握好西芹焯水的时间，时间长了会影响西芹的色泽和口感。

②西芹要将老筋去除干净，否则会影响口感。

【成品特点】色泽碧绿，清新爽口。

凉拌面筋

【用料规格】面筋250克，鲜菇50克，笋尖50克，香油、白糖等适量，老抽5克，生抽3克。

【工艺流程】面筋切丝→鲜菇焯水→调味

【制作方法】

①将面筋切丝。

②将鲜菇浸洗干净，和笋尖一起用沸水焯熟，捞出摊凉切丝。

③用大碗盛放，加入老抽、生抽、香油、白糖等拌匀即成。

【制作要点】

①掌握好鲜菇、笋尖焯水的时间。

②注意白糖不宜放得过多。

【成品特点】面筋软韧，咸中带甜。

凉拌芦笋丝

【用料规格】鲜芦笋300克，盐、芝麻酱等适量。

【工艺流程】芦笋洗净去皮→切丝→调味拌匀

【制作方法】将鲜芦笋洗净，削去老皮，切成细丝，加入盐、芝麻酱等调料拌匀，即可食用。

【制作要点】芦笋一定要将老皮去掉。

【成品特点】口感爽脆。

麻酱拌豆角

【用料规格】鲜豆角250克，芝麻酱、味精、盐、花椒油、姜末等适量。

【工艺流程】豆角初加工→焯水→调味

【制作方法】

①将豆角抽筋、折断、洗干净，在开水锅里焯熟后用凉水浸泡，捞出控水，放在调盘里。

②用冷开水将芝麻酱调成糊状，将花椒油烧热，将味精、盐、姜末撒在豆角上，拌匀即可装盘。

【制作要点】

①豆角老筋要去除干净，否则影响口感。

②注意熬制花椒油的温度和火候。

【成品特点】豆角脆嫩，酱味浓郁。

凉拌萝卜丝

【用料规格】白萝卜300克，盐、香油、味精等适量。

【工艺流程】萝卜去皮→切丝→调味拌匀

【制作方法】先将白萝卜洗净，削去老皮，然后切成丝，加入适量盐、香油、味精等调料，拌匀即可食用。

【制作要点】萝卜切丝要均匀，把老皮去掉。

【成品特点】口感脆嫩，口味咸鲜。

蒜泥莴苣

【用料规格】莴苣300克，大蒜5克，香油10克，醋25克，盐2克。

【工艺流程】莴苣去皮→切条→腌制→调味

【制作方法】

①将莴苣去皮，切成长5厘米、宽厚各1厘米的条，大蒜去皮，捣成泥。

②将莴苣加盐拌匀，腌出水后，沥去余汁装盘，再放入蒜泥、香油、醋拌匀，装盘即成。

【制作要点】

①莴苣切条掌握好刀工，注意粗细均匀，长短一致。

②莴苣腌制时间不宜过长，腌出水分即可。

【成品特点】口感脆爽，蒜香浓郁。

凉拌枸杞菜

【用料规格】枸杞菜300克，盐、香油、醋、味精等适量。

【工艺流程】枸杞菜切段→焯水→调味

【制作方法】

①将枸杞菜洗净，切成约2厘米长的段。

②枸杞菜用水焯熟，捞出放凉。

③加入盐、香油、醋、味精等调料拌匀，即可食用。

【制作要点】枸杞菜焯水时间不宜过长，熟后即可捞出。

【成品特点】口味咸鲜，口感爽脆。

爽脆一品三丝

【用料规格】白菜帮200克，青笋80克，红心萝卜80克，盐、白糖、鸡精、白醋2克，香油2克，蒜泥5克，冰水等适量。

【工艺流程】切丝→冰镇→调味

【制作方法】

①将白菜帮、青笋、红心萝卜切丝，备用。

②将所有材料放入冰水里冰镇8~10分钟。

③将材料从冰水里捞出，控干水分，加入调味料拌匀即可。

【制作要点】

①冰镇时间要控制好，不宜过久，否则水分会渗入材料里。冰镇后的三丝会更凉、更脆、更爽。

②白醋只需加入2克，用来提味、刺激胃口。蒜泥可多加，起到杀菌、提味的作用。

【成品特点】感观效果佳，色泽搭配亮丽分明，口感清香爽脆。

农家庆丰收

【用料规格】白菜帮100克，豆腐皮80克，西红柿1个，熟花生米50克，皮蛋1个，香肠100克，木耳50克，洋葱50克，香油2克，盐、鸡精、蒜泥、白糖等适量。

【工艺流程】洗净→切片→调味拌匀

【制作方法】

①将所有材料洗净，用手撕成小片或用刀切成小片，备用。

②将材料用调料拌匀即可。

【制作要点】香肠也可用火腿代替。

【成品特点】色泽搭配亮丽分明，口感清香爽脆。

蚝油青虾拌瓜条

【用料规格】青虾150克，黄瓜2条，蚝油、鸡精、白糖、红油、盐等适量。

【工艺流程】虾去壳→黄瓜切条→煮虾→调味

【制作方法】

①将青虾洗净，去壳，挑去虾线，并在背上用刀划一下，备用。

②将黄瓜切成约3厘米的长条，加盐拌匀，待其腌出水分，用纱布控干，备用。

③将青虾煮熟，捞出，用冷水浸8~10分钟。

④将所有材料加入调味料拌匀即可。

【制作要点】

①黄瓜先用盐腌出水分，凉拌时不至于产生太多汤汁，影响口感。

②如果爱吃辣，可以加点红油，辣度随个人口味而定。

③用蚝油不仅可以提鲜，且搭配青虾，虾鲜与蚝香相得益彰，香味更浓。

【成品特点】黄瓜爽脆，青虾鲜甜，鲜艳诱人。

拌鸡丝

【用料规格】光鸡1 000克，胡萝卜50克，黄瓜50克，姜片10克，酱油10克，白糖5克，胡椒粉1克，鸡粉3克，香油5克，料酒50克，清水等适量。

【工艺流程】初加工→熟处理→调味→拌匀

【制作方法】

①先将鸡洗净，胡萝卜、黄瓜切细丝，姜切片。烧一锅开水，放料酒、姜片，将鸡放入，煮10分钟。然后熄火，加盖焖10分钟。

②捞出鸡放入凉水（或冰水）中过凉。

③将鸡肉用手撕下来装盘，尽量细一点。

④在一个碗里准备酱油、白糖、鸡粉、胡椒粉、香油等调味料。将调味料、胡萝卜丝、黄瓜丝倒在鸡丝上拌匀即成。

【制作要点】

①刀工处理要精细。

②冷却时间要充分。

③调味料用量要恰当。

【成品特点】色泽分明，口感清爽，质地脆嫩。

宝塔马兰

【用料规格】马兰200克，香干100克，盐、香油、醋、味精等适量。

【工艺流程】初加工→焯水→调味

【制作方法】

①先将马兰洗净，切成末，香干切成小丁。

②马兰用水焯熟，捞出放凉。

③加入盐、香油、醋、味精、香干等拌匀，堆成宝塔状，即可食用。

【制作要点】马兰焯水时间不宜过长，熟后即可捞出。

【成品特点】口味咸鲜，入口爽脆。

剁椒皮蛋

【用料规格】皮蛋4个，剁椒50克，芝麻、蒜、葱、姜、醋、生抽、麻油、白糖、鸡精等适量。

【工艺流程】初加工→调汁→装盘

【制作方法】

①将皮蛋剥去壳洗净。

②将皮蛋放在手心，用棉线拉一下将皮蛋切成6瓣，或者刀沾水切开。

③在切好的皮蛋上放剁椒蒜瓣，将姜末、醋、生抽、麻油、白糖、鸡精拌匀调成调味汁倒在皮蛋上，再加上芝麻和葱即可。

【制作要点】

①皮蛋切块要小心。

②调味汁要浓厚。

【成品特点】色泽红亮，口味浓郁。

蓑衣黄瓜

【用料规格】黄瓜250克，姜10克，食用油30克，白醋3克，盐10克，白糖15克，味精3克。

【工艺流程】刀工处理→腌制→调汁→装盘

【制作方法】

①将黄瓜洗净，切成蓑衣花刀，用盐腌10分钟。

②用清水冲洗后沥干水分装盘，姜洗净切丝。

③锅内放油，油烧至六成热时放入姜丝，炒出香味后，再加入白糖、醋、盐、味精，烧开。

④将糖醋汁放凉后倒入装黄瓜的盘中，浸泡半小时后即可食用。

【制作要点】

①刀工精细，装盘整齐。

②必须等糖醋汁凉透后再浸泡黄瓜。

【成品特点】清淡爽口，酸甜脆嫩。

凉拌海蜇头

【用料规格】海蜇头400克，酱油10克，醋25克，姜末5克，香油4克，白糖、味精等适量。

【工艺流程】浸泡→清洗→刀工处理→清洗→调味

【制作方法】

①将海蜇头放入清水浸泡4～8小时，再充分洗净。

②将海蜇头切成丝，用冷开水洗涤1～2次，将海蜇丝的水分尽量挤干净，放在盆内。

③加入适量的酱油、醋、白糖、香油和少许味精调味，充分拌匀，即可食用。

【制作要点】

①海蜇浸泡时间要充分。

②海蜇清洗一定要干净。

【成品特点】口味浓郁，质地脆嫩。

双椒黑木耳

【用料规格】黑木耳200克，青红椒100克，味精3克，胡椒粉1克，泡菜水100克。

【工艺流程】初加工→煮制→调味→浸泡

【制作方法】

①将黑木耳在温水里泡发开，清洗干净备用。锅里水烧开后，放入黑木耳，煮10秒后捞起，放入凉开水中，然后沥干水分备用。

②将青红椒清洗干净，然后切成末备用。

③从泡菜坛里取出适量泡菜水，放入无油的碗中备用。加入胡椒粉、味精搅拌均匀。

④将放凉的木耳放入泡菜水中，再放入切好的青红小米椒。放入冰箱或常温浸泡，入味后即可食用。

【制作要点】

①木耳要清洗干净。

②浸泡时间要充足。

【成品特点】色泽黑亮，口味咸鲜。

芹菜拌毛豆

【用料规格】芹菜200克，毛豆100克，香油、盐等适量。

【工艺流程】初加工→炒制→焖制→装盘

【制作方法】

①芹菜切段，入锅焯一下，捞出沥干。

②热锅冷油，先将芹菜入锅煸炒，然后将毛豆倒入锅中一起煸炒，放入适量水和盐，炒匀即可。

【制作要点】毛豆可提前焯五分熟。

【成品特点】色泽翠绿，口味清淡。

2.1.2 炝

炝是冷菜制作中常用的一种基本方法。炝是先将生原料切成丝、片、块、条等，用沸水稍烫一下，或用油稍滑一下，然后滤去水分或油分，加入以花椒油为主的调味品，最后进行掺拌。炝制菜都具有鲜醇入味的特点。

炝的菜品原料一般以动物原料为主，并且是经过加工的小型易熟入味的原料，植物原料的使用相对较少。因为炝制菜肴一般需要经过加热处理入味，所以行业上习惯将炝称为"熟炝"。

炝制菜品的制作方法，一般选用简单的成熟法，如"水汆""过油"等，从而使原料的质感得到保证。炝制菜品在预熟时一般未经过调味，因此要求料形相对较小，易于成熟和入味，通常以片、丝等形状居多。为了使炝制菜品味道浓郁，在调味过程中以有一定刺激性味道的调味品为主，如胡椒粉、花椒油、蒜泥等，经过调味后应当摆放一段时间，以便充分入味。

炝制菜品，因其清爽适口的特点而备受人们的青睐。炝制菜品尤其适用于夏季，常见的品种有炝腰片、虾子炝芹菜、炝黄瓜条等。

炝冬笋

【用料规格】冬笋300克，胡萝卜50克，姜3克，酱油15克，盐3克，味精2克，香油10克，盐、鲜笋汤等适量。

【工艺流程】冬笋切片→蒸→制卤→浇汁→装盘

【制作方法】

①将鲜冬笋切成5厘米长的片，放入碗中加鲜笋汤少许，上笼蒸约1小时取出，沥去汤汁。

②酱油、盐、味精、鲜笋汤下锅烧热调成卤汁，浇在蒸熟的冬笋片上，撒上姜末、胡萝卜末，淋上香油即成。

【制作要点】

①冬笋的老皮一定要去净。

②掌握好冬笋蒸制的时间。

【成品特点】口味咸鲜，鲜嫩脆香。

炝腰花

【用料规格】猪腰300克，水发玉兰片50克，水发木耳25克，南荠50克，莴苣50克，清汤30克，盐1.5克，酱油2克，绍酒2.5克，味精1克，花椒油5克，清水等适量。

【工艺流程】猪腰初加工→劈片→刽花刀→改刀→余→调制炝汁→炝制

【制作方法】

①准备工作。将猪腰除去外皮，用刀从中片成两半，片去腰臊。在片开的一面划上麦穗花刀，然后切成长约3厘米、宽约1.5厘米的块。将水发玉兰片切成长约2.4厘米、宽约1.2厘米的片；水发木耳切成两半；南荠削皮、切片；莴苣切片，均用沸水余过。将清汤、盐、酱油、绍酒、味精、花椒油放碗内，调成炝汁。锅内放清水750克，在旺火上烧沸后放入腰花，迅速捞至凉开水中浸泡，捞出，挤去水分。

②炝制。将腰花、水发玉兰片、水发木耳、南荠、莴苣放碗内，倒入炝汁调拌均匀，盛入盘内即成。

【制作要点】

①腰臊一定要去除干净。

②腰片要尽量片得薄一些，这样成熟速度较快。

【成品特点】色调淡雅，质地脆嫩，味道清鲜。

炝虎尾

【用料规格】黄鳝750克，姜末1.5克，酱油25克，香油5克，绍酒5克，味精1.5克，熟猪油25克，胡椒粉、蒜片等适量。

【工艺流程】黄鳝初加工→改刀→烩制→调制炝汁→炝制

【制作方法】

①将黄鳝放入开水锅中焯熟，捞出划成鳝丝，取尾背一段共400克为原料。

②将鳝尾洗净，随冷水放入锅中烧沸，加绍酒，移小火上烩1分钟即用漏勺捞出，沥干水分，放入碗内，加入熬熟的酱油、味精、姜末、绍酒、香油、胡椒粉等拌和。

③炒锅洗净上火，放入25克猪油，下蒜片煸炒至颜色发黄，将蒜片连油一起浇在拌好的鳝尾上即可。

【制作要点】

①鳝鱼脊背的焯水时间与烩制时间要恰当，才能保持鲜嫩。

②蒜片也可下锅炸成金黄色，起锅浇在鳝尾上，其味更佳。

【成品特点】肉质细嫩，清香爽滑，口味鲜咸。

炝干丝

【用料规格】干豆腐300克，葱白、干红椒、盐、鸡精、白糖、香油等适量。

【工艺流程】初加工→烫制→炒制→拌匀

【制作方法】

①将干豆腐切成丝，放入开水锅中焯烫1分钟左右，捞出后放入凉水中浸凉，用漏勺沥去多余水分。

②葱白切丝，干红椒切小段，炒锅中倒入适量油，油热后放入干红椒，中火，翻炒至颜色棕红。

③将干豆腐丝放入盆中，加入盐、鸡精、白糖、香油，拌匀，放入葱白丝。

④放入红椒油，拌匀后盛出装盘即可。

【制作要点】

①沥水时，不要沥得太净，略留一些水分，干丝的口感会更加鲜嫩。

②做调料油时，火要较大，但要掌握好时间，视干红椒的颜色全部变深，油也出现香味即熟。时间过长易煳。

③用手抓拌，手掌的温度使调料融入材料的速度更快、更易入味。

【成品特点】口感干爽，口味咸鲜。

2.1.3 腌

腌是用调味品将主料浸泡入味的方法。腌制凉菜不同于腌咸菜。咸菜以盐为主，腌制的方法也比较简单；而腌制凉菜须用多种调味品，口味鲜嫩、浓郁。

在腌制过程中，主要调味品是盐。腌制菜品，植物性原料一般具有口感爽脆的特点，动物性原料则具有质地坚韧、香味浓郁的特点。腌制的原料范围较广，大多数动物、植物原料均适合用这种方法成菜。

在实际操作过程中，一般可以分为盐腌、醉腌和糟腌3种形式。

1）盐腌

盐腌是将盐放入原料中翻拌或涂擦于原料表面的一种方法。这是最基本的方法，也是其他腌法的一道必要工序。此方法简单易行，操作中注意原料必须是新鲜的，且用盐量要准确。经过盐腌的原料，由于渗透压的作用，水分析出，盐分渗入，可以保持原料清新脆嫩的口感。常见品种有"酸辣黄瓜""辣白菜""姜汁莴笋"等。

2）醉腌

醉腌是以酒和盐为主要调味料，调制好卤汁，将原料投入卤汁中，经过浸泡腌制成菜的方法。用于醉腌的原料一般都是动物性原料，以禽类和水产品居多。如果是水产品，首先原料必须是鲜活的，通过酒醉致死，无须加热，酒醉一段时间后即可食用。如果是禽类原料，则通常要煮至刚熟，然后置于卤汁中浸泡，经过一段时间后便可食用。醉腌制品按调味品的不同可分为红醉（调料用有色调味品，如酱油、红酒、腐乳等）、白醉（调料用无色调味品，如白酒、盐、味精等）。浸泡卤汁中咸味调味料的用量应当略重一些，以保证菜肴的口味。浸泡必须经过一段时间后方可食用，否则不能入味。常见的品种有醉蟹、醉鸡、醉虾等。

3）糟腌

糟腌是以盐和糟乳作为主要调味品腌制成菜的一种方法。糟腌的方法类似醉腌，不同之处在于醉腌用酒，而糟腌则用香糟卤。冷菜中的糟腌菜肴，一般在夏季食用，此类菜品清爽芳香，如糟凤爪、糟卤毛豆等均属于夏季时令佳肴。

风　鸡

【用料规格】活公鸡1只（1 500克左右），花椒盐125克，葱结、姜片等适量。

【工艺流程】活鸡宰杀→擦盐→捆扎→浸泡→焖煮

【制作方法】

①将活公鸡宰杀后，从腋下开口，取出内脏，用清洁布将体腔内擦干。将花椒盐100克放入体内，用手擦透。将鸡嘴、宰口用花椒盐25克抹匀。将鸡头塞入腋下宰口，合上翅膀，用绳子扎紧。腌制1个月左右，即可食用。

②风鸡食前需解去绳子，去尽绒毛，洗净。用清水泡2个小时，入沸水锅焯水，放入砂锅，加满清水，放葱节、姜片，上火烧沸，撇去浮沫，移小火焖透，取出，撕成鸡丝，装盘即成。

【制作要点】

①鸡的开口部位要恰当，开口宜小不宜大，鸡头塞进开口处，密封性能要好。

②将鸡挂在通风处，防止漏卤变质，影响风制效果。

【成品特点】鸡肉鲜嫩，腊香味浓。

家乡咸鹅翅

【用料规格】鹅翅500克，黄瓜片50克，花椒粒、八角、香叶、葱、姜、盐、料酒、香菜等适量。

【工艺流程】初加工→腌制→风干→蒸熟→装盘

【制作方法】鹅翅去毛洗净，加调料浸泡入味，风干，食时蒸熟，加黄瓜片即可。

【制作要点】

①鹅翅清洗要干净。

②腌制时间要充足。

【成品特点】口味浓香，质地干爽。

醉 蟹

【用料规格】活湖蟹（雌）5只（重约850克），白酒500克，冰糖100克，花椒50克，姜块50克，葱100克，花椒盐25克，盐、清水等适量。

【工艺流程】洗净→调味→酒醉

【制作方法】

①先将活湖蟹（雌）放入水中养2~3小时，使其吐出体内污物，再用刷子刷去体外泥污，洗净，装入蒲包，上压重物，沥去水分。

②炒锅舀入1 500克清水，加盐、花椒、姜、葱烧沸，离火，冷却后拣去姜、葱，倒入钵内沉淀成冷盐水。

③先用一只小口坛子，洗净，控去坛内水分，放入白酒和蟹使其饮醉。然后将蟹逐只取出，掰开蟹脐，放入花椒盐5克，将脐合起，用蟹小爪梢插起来，防止花椒盐散落。再放入坛中，倒入冷盐水，放入冰糖，用干荷叶封口，外敷黄泥，经15~20天即成。

【制作要点】

①不能用死蟹，活蟹要清洗干净。

②盐水浓度要恰当（浓度过低，不易入味，蟹也容易变质），冷却后方能食用。

【成品特点】酒味香醇，蟹黄干鲜细腻，其质似胶。

醉 鸡

【用料规格】当年光母鸡1只（1 500克左右），姜片10克，葱结1个，酒酿200克，绍酒100克，盐50克，桂皮、八角、丁香等适量。

【工艺流程】当年光母鸡去内脏→焯水→洗净→焖→制卤→浸渍

【制作方法】

①将当年光母鸡开膛去内脏洗净，入沸水锅焯水后，洗净，放入焖钵。加满清水，加姜片、葱结烧沸，撇去浮沫，移小火，焖至六成熟离火，撇去鸡油，拣出姜葱。

②待冷却后，取出鸡，用刀改成4片，放入钵中，鸡汤内加盐、绍酒、桂皮、丁香、八角上火烧沸，撇去浮沫，离火。待鸡汤冷却后，放入酒酿搅匀，用汤筛滤去渣滓，倒入钵中，盖上盖子，浸12小时，取出鸡块改刀装盘，浇上卤汁即成。

【制作要点】

①选择鸡皮完整的优质鸡。

②应选用色白的当年光母鸡，才能保持醉鸡的特色。

【成品特点】鸡肉洁白鲜嫩，酒香扑鼻。

<h2 style="text-align:center">醉 蛏</h2>

【用料规格】蛏子750克，黄酒100克，姜片25克，冰糖10克，盐10克，清水等适量。

【工艺流程】蛏子刷洗→制卤→醉蛏→装盘

【制作方法】

①将蛏子放入水中，用刷子刷去外壳的污泥，洗净后放入坛中。

②炒锅上火，舀入250克清水，加入黄酒、姜片、冰糖、盐，烧沸后离火。撇去浮沫，待汤汁冷却后倒入坛中盖好。

③15天左右取出，将蛏子掰开，放入盘中即可。

【制作要点】

①必须用活蛏，因为死蛏嘴张开，有污腥味。

②须将蛏子刷洗干净，以外壳呈亚白色为好。

【成品特点】蛏肉淡红，鲜嫩异常，咸中带甜。

醉 笋

【用料规格】熟冬笋尖400克，白酒100克，桂皮5克，八角5克，冷鸡清汤250克，盐5克。

【工艺流程】笋拍松→调味浸泡→改刀→装盘

【制作方法】

①将熟冬笋尖用刀面拍松，放入碗中。加白酒、冷鸡清汤、盐、桂皮、八角，盖上盖子浸泡12小时后拣去桂皮、八角。

②取出笋尖，切成梳背块装盘，浇上卤汁即成。

【制作要点】笋尖用刀拍松，不可拍碎。

【成品特点】笋脆韧，味鲜带有酒香。

醉香螺

【用料规格】新鲜香螺500克，香糟卤（白）100克，料酒、味精、盐、八角、香菜、姜片、蒜片、尖椒等适量。

【工艺流程】清洗→烧汁→腌制→装碗

【制作方法】

①主料加料酒和盐出水。

②锅内加入适量的水，料酒、盐、味精烧成汤汁。

③倒入出好水的主料，烧至成熟，加入八角、姜片、蒜片即可。

④出锅后，放在容器内，加入适量的香糟卤（白），浸24小时后撒上尖椒和香菜即可食用。

【制作要点】

①香螺清洗干净。

②汤汁烧制浓厚。

③腌制时间充足。

【成品特点】口味浓香，质地酥烂。

糟　鱼

【用料规格】咸鲤鱼（去头尾）400克，酒酿200克，香油30克，花椒10克，温水等适量。

【工艺流程】鲤鱼浸泡→改刀→调味糟制→上笼蒸→去骨装盘

【制作方法】

①将咸鲤鱼放入温水中浸泡15分钟，洗净，用刀切成长约6.5厘米、宽约3厘米的块，放入筛中沥去水分。将酒酿捏碎拌和上花椒。

②用大口玻璃瓶1只，先放酒酿100克，再放入鱼块，上盖酒酿100克，加入香油，盖上盖子，浸渍1个月。

③食用前取出鱼块，上笼蒸制15分钟至熟取出，将鱼块去硬骨后拆成小鱼块，装盘即成。

【制作要点】

①咸鱼不可发霉或变质。

②咸鱼放入温水浸泡时间要长一些。

【成品特点】香糟扑鼻，味道香浓。

糟鸡蛋

【用料规格】熟鸡蛋8个，酒酿100克，黄酒25克，盐2克。

【工艺流程】鸡蛋切开→调糟卤→蒸制→装盘

【制作方法】

①剥去熟鸡蛋的壳，并切开。

②将酒酿、盐、黄酒调和，倒一半入碗内。将鸡蛋叠在碗中，倒入另一半酒酿卤汁，盖上盘盖。将碗放入蒸笼蒸15分钟，取出后装盘即成。

【制作要点】

①选择好的酒酿制作本菜。

②控制好上笼蒸制的时间。

【成品特点】糟香味雅，鸡蛋香嫩。

香糟鸭舌

【用料规格】鸭舌头（鸭信）300克，料酒10克，酒酿500克，盐5克，白糖10克，葱、姜片等适量。

【工艺流程】初加工→煮制→腌制

【制作方法】

①先将鸭舌剪净喉骨及软管后洗净，放入开水中汆烫过捞出，再用清水冲洗。

②另用清水加葱、姜片、料酒，将鸭舌煮20分钟，待其熟软捞出。

③酒酿用细网磨碎后，沥出汤汁，去渣，加入余下的调味料拌匀，放入鸭舌浸渍入味，3天后即可拣出食用。

【制作要点】

①鸭舌清洗要干净。

②腌制时间要充分。

【成品特点】口味浓香，质地脆嫩。

卤水豆腐

【用料规格】老豆腐400克，花生油1 500克，香叶3克，桂皮3克，小茴香5克，葱30克，生姜30克，盐8克，生抽10克，白糖10克，高汤1 000克，清水等适量。

【工艺流程】初加工→煮制→卤制→炸制

【制作方法】

①将老豆腐切成5厘米长的块，沥干水分。

②将炒锅放在中火上预热。倒入花生油，加热至七成，放入豆腐块，每面炸2分钟，炸至金黄，共约4分钟，捞出，沥干油。

③在汤锅里放香叶、桂皮、小茴香、葱、生姜、盐、生抽、白糖，加清水、汤等。锅置中火上烧开后再煮10分钟，让香料味道熬出。加入豆腐块，盖上，小火煮10分钟，关火再焖10分钟。捞出，晾干，切成厚片，摆放盘中，可浇少许卤水在豆腐上。

【制作要点】

①煮制火候要把握好。

②卤制时间要充分。

③炸制温度要控制好。

【成品特点】口味浓香，质地酥烂。

卤水鹅翅

【用料规格】鹅翅500克，姜、葱、卤水汁、料酒等适量。

【工艺流程】初加工→煮制→卤制

【制作方法】

①洗净鹅翅、葱、姜。

②把鹅翅、姜、葱冷水下锅煮，煮开后加料酒。煮到酒味散去，就把鹅翅捞起来，用清水冲洗。

③以卤水和清水的比例1∶4来调，卤水盖过鹅翅面。煮开后，小火煮20分钟，卤水中冷却即可。

【制作要点】

①鹅翅冷水下锅。

②卤水与清水的比例要准确。

【成品特点】色泽自然，口味浓香。

1. 生制冷吃的烹调方法有哪些？

2. 以拌的方法制作一道冷菜。

3. 以炝的方法制作一道冷菜。

任务2 熟制冷吃

2.2.1 酱

酱是先将原料用盐或酱油腌制，放入用油、白糖、料酒、香料等调制的酱汤中，用旺火烧开撇去浮沫。再用小火煮熟，然后用微火熬浓汤汁，涂在成品的皮面上。酱制菜肴具有味厚馥郁的特点。

五香酱牛肉

【用料规格】牛腱子1 000克，丁香、花椒、八角、陈皮、小茴香、桂皮、香叶、甘草等

适量，大葱50克，姜50克，生抽15克，老抽15克，白糖15克，盐20克，五香粉10克。

【工艺流程】牛腱子切块→焯水→冷水浸泡→酱制→煨制→切片装盘

【制作方法】

①将牛腱子洗净，切成10厘米见方的大块。锅中倒入清水，大火加热后，将牛肉放入，焯水，捞出，用冷水浸泡，让牛肉紧缩。

②将丁香、花椒、八角、陈皮、小茴香、甘草等装入调料盒中（或自制纱布料包中），桂皮和香叶由于容易拣出，可直接放入锅中。将大葱洗净切3节。姜洗净后，用刀拍散。

③砂锅中倒入适量清水，大火加热，依次放入香料、葱、姜、生抽、老抽、白糖、盐、五香粉等。煮开后放入牛肉，继续用大火煮约15分钟，转入小火煮至肉熟。用筷子扎一下，能顺利穿过即可。将牛肉块捞出，在通风、阴凉处放置2小时左右。

④将冷却好的牛肉，倒入烧开的汤中小火煨半小时。煨好后盛出，冷却后切薄片即可。

【制作要点】

①掌握好香料的用量。

②掌握好牛肉加热的时间和火候。

【成品特点】牛肉酥香，回味无穷。

酱　鸭

【用料规格】鸭子1只（当年光鸭，约1 750克），白糖100克，熟甜面酱100克，香油25克，黄酒50克，酱油100克，姜片10克，葱结12克，五香调料4克，花生油1 500克，清水等适量。

【工艺流程】鸭子焯水→加调料焖透→收稠卤汁

【制作方法】

①鸭子由腋下开口，取出内脏，洗净，擦干，用酱油抹遍全身。

②炒锅上火，舀入花生油，待油温烧至七成热时，将鸭子炸至金黄色捞起。再放入砂锅，加五香调料、白糖、酱油、姜片、葱结、黄酒和少量清水，上旺火烧沸，移小火焖透取出。

③炒锅上火，加入鸭卤、熟甜面酱，放入鸭子烧沸，收稠卤汁，加入香油起锅，冷透后改刀装盘。

【制作要点】
①应使酱鸭酥烂而不走形，否则影响美观。
②卤汁全部裹覆在鸭身上。
【成品特点】色泽酱红，肉香味浓。

酱汁春笋

【用料规格】鲜春笋400克，甜面酱汁50克，虾籽1克，白糖25克，味精1克，花生油500克，香油20克，鸡清汤等适量。

【工艺流程】春笋初加工→切段→焐油→制酱汁→酱笋

【制作方法】

①将春笋切去根蒂，削去老皮，用刀剖开，切成4厘米长的笋段，用刀面将笋段轻轻拍松。用水将甜面酱化开，用汤筛滤去渣滓。将花生油放入炒锅烧沸，除去油腥味，冷却后待用。

②炒锅上火，舀入熟花生油烧至五成热，放入笋段焐油，倒入漏勺沥干油分。

③炒锅复上火，舀入花生油，放入甜面酱汁，加白糖，搅匀熬透，装盘待用。

④炒锅上火，舀入鸡清汤，投入虾籽烧沸后放入笋段烧沸，待汤汁快要煮干时，放入甜面酱汁，用手勺不停地搅动，使汤汁逐步紧裹在笋上，加入味精，装盘后淋上香油即成。

【制作要点】
①笋段长短要相等，用鸡清汤、虾籽煮入味。
②酱汁力求紧裹笋段，忌用猪油。
【成品特点】色泽酱红，酱味鲜浓，口感脆嫩。

2.2.2 卤

卤是将原料放入调制好的卤汁中，用小火慢慢浸煮卤透，让卤汁的滋味慢慢渗入原料中。卤制菜肴具有醇香酥烂的特点。

卤是制作冷菜的常用方法之一。加热时，将原料投入卤汤（最好是老卤）锅中用大火烧开，改用小火加热，至调味汁渗入原料，使原料成熟或酥烂时离火，将原料提离汤锅。卤制完毕的材料，冷却后宜在其外表涂上一层油，一来可增香，二来可防止原料外表因风干而收缩变色。遇到材料质地稍老的，可以在汤锅离火后仍旧将原料浸在汤中，随用随取。这样既可以增加（保持）酥烂程度，又可以进一步入味。

按卤菜的成菜要求，卤法的操作流程如下：

调制卤汁→投放原料→旺火烧开转小火→成熟后捞出冷却

首先，调制卤汤。卤制菜肴的色、香、味完全取决于卤汤。行业中习惯上将卤汤分为两类，即红卤和白卤（也称清卤）。由于地域的差别，各地方调卤汤时的用料不尽相同。调制红卤常用的原料有红酱油、红曲米、黄酒、葱、姜、冰糖（白糖）、盐、味精、大茴香、小茴香、桂皮、草果、花椒、丁香等。调制白卤常用的原料有盐、味精、葱、姜、料酒、桂皮、大茴香、花椒等加水熬成，俗称"盐卤水"。无论是红卤还是白卤，尽管其调制时调味料的用量因地而异，但有一点是相同的，即在投入所需卤制品时，应先将卤汤熬制一定的时间，然后再下料。

其次，在原料入卤汤前，应先除去腥膻异味及杂质。动物性原料一般都带有血腥味。因此，在卤制前，通常要经过焯水或炸制等预处理，一来可以去除原料的异味，二来可以使原料上色。

再次，把握好卤制品的成熟度。卤制品的成熟度要恰到好处。卤锅卤制菜品时通常是大批量制作，一锅卤水往往要同时卤制几种原料，或几个同种原料。不同原料之间的差异很大，即使是同种原料，其个性差异也是存在的，这就给操作带来了一定难度。因此，在操作过程中，一是分清原料的质地，质老的置于锅底层，质嫩的置于上层，以便取料；二是掌握好各种原料的成熟要求，不能过老或过嫩；三是注意原料太多时，为防止原料在加热过程中出现黏底、烧焦的现象，可预先在锅底垫上一层竹垫，或其他衬垫物料；四是熟练掌握和运用火候，习惯上，卤制菜品时，先用大火烧开，再用小火慢煮，使卤汁的香味慢慢渗入原料，从而使原料具有良好的香味。

老卤的保质也是卤制菜品成功的一个关键。所谓老卤，就是经过长期使用而积存的卤汤。这种卤汤，由于加工过多种原料，并经过很长时间的加热和摆放，原料中的鲜味物质都在其中，因此质量相当高。因为原料在加工过程中一些鲜味物质及风味物质溶解于汤中且越聚越多，所以形成了复合美味。使用这种老卤制作原料，会使原料的营养和风味有所增加，因此，对老卤的保存非常有必要。通常认为，对老卤的保存应当做到以下几点：定期清理，勿使老卤聚集残渣而形成沉淀；定期添加香料和调味料，使老卤的味道保持浓郁；取用老卤要用专门的工具，防止在存放过程中老卤遭受污染而影响保存；使用后的卤水要烧沸，从而相对延长老卤的保存时间；选择合适的盛器盛放老卤。

卤在冷菜材料的制作中应用广泛，其原料的适用范围一般是动物性原料，包括鸡、鸭、鹅及畜类的各种内脏。其料形一般以大块或整形为主，原料则以鲜货为宜，常见品种有卤猪肝、卤鸭舌、盐水鸭、卤香菇等。

卤仔鸡

【用料规格】当年仔鸡1只（约750克），白糖75克，桂皮5克，茴香5克，酱油100克，花生油750克，香油25克，黄酒100克，姜片10克，葱结10克，清水等适量。

【工艺流程】仔鸡宰杀→煺毛→腌制→炸制→制卤水→卤制

【制作方法】

①将仔鸡宰杀后放入八成热的水中烫去毛。从腋下开一个小洞，去内脏后洗净，用清洁布擦干水，用15克酱油抹鸡身（鸡上色）。

②炒锅上火，舀入花生油，烧至七成热时，放入仔鸡，炸至金黄色，倒入漏勺沥油。

③炒锅复上火，舀入花生油50克，放入姜片、葱结、茴香、桂皮炸香，加清水（1 000克），酱油、黄酒、白糖烧沸后撇去浮沫，放入仔鸡，上小火焖至六成熟，改用旺火，加香油，收稠卤汁，取出仔鸡，冷却后装盘，浇上卤汁。

【制作要点】

①选用的仔鸡必须肥壮。

②鸡焖制时不宜焖得太烂，否则不易切配装盘，影响外形和风味。

③鸡要上好色，并炸至金黄色。

【成品特点】五香扑鼻，鸡肉油润鲜嫩，色泽棕红油亮，咸中带甜。

卤肫仁

【用料规格】鸡肫约300克，葱结15克，姜块（拍松）12克，茴香12克，桂皮5克，丁香

10克，盐3克，白糖10克，香油25克，酱油25克，黄酒40克，鸡清汤400克，花生油50克，清水等适量。

【工艺流程】肫仁初加工→洗净→剞花刀→腌制→浸泡→肫仁拉油→卤制

【制作方法】

①先将鸡肫剖开，撕去老皮洗净。再将肫仁剞上兰花刀纹，用盐腌制3小时后洗净。然后放入清水中浸泡半小时，洗净。

②炒锅上火，舀入花生油烧至七成热时，先放入鸡肫拉油后捞出，再放入葱结、姜块、茴香、桂皮、丁香炸香。

③将炸香的葱结、姜片、茴香、桂皮、丁香和鸡肫一同放入锅中，加入鸡清汤、黄酒、白糖、酱油烧沸。移小火焖1小时收稠卤汁，淋上香油离火。取出肫仁切片装盘，淋上卤汁即成。

【制作要点】

①剞花刀时，深度约占肫仁的3/4，刀纹间距相等，深浅一致。

②油温约保持六成热，不宜过高或过低。

【成品特点】香味扑鼻，肫仁酥韧入味，呈棕红色。

金银猪肝

【用料规格】猪肝600克，生猪肥膘肉100克，黄酒50克，酱油100克，白糖25克，香油、桂皮、小茴香、虾籽、姜片、葱结、盐、味精等适量。

【工艺流程】猪肝洗净→腌制→刀工处理→制作生坯→焯水→卤制

【制作方法】

①先将猪肝洗净后放碗内，加酱油25克、黄酒10克、姜片、葱结，腌渍2小时至入味。再将猪肝平放在砧板上，用刀的尖端从猪肝的叶厚处平刺进去，刀尖在肝里左右稍拉，将筋络割断成口袋形。将生猪肥膘肉切成两长条，一头切尖，放碗内，加姜片、葱结、黄酒、盐腌渍2小时，入味后放入沸水锅内略烫，捞起冷却，分别从猪肝开口处插入肝内，用牙签封口，成金银猪肝的生坯。将金银猪肝生坯放入沸水锅内焯水，洗净待用。

②将金银猪肝放入装有竹垫的砂锅中，舀清水淹没。加入酱油75克、黄酒30克、姜片、葱结、白糖、虾籽、桂皮、小茴香，上大火烧沸。撇去浮沫，盖上压盘，移小火焖至酥透，倒入炒锅内，上大火收稠卤汁，加入味精，出锅，冷却后切成约0.5厘米厚的大片装盘，淋上香油即成。

【制作要点】

①猪肝开口时切忌碰破外膜。

②猪肝用酱油、生猪肥膘肉用盐浸渍入味,各保其色。

【成品特点】口感鲜香,肥而不腻。

虎皮蛋

【用料规格】鸡蛋10个,姜片(拍松)5克,葱白段5克,桂皮5克,茴香3克,虾籽1克,黄酒10克,香油15克,酱油10克,白糖25克,花生油500克,清水等适量。

【工艺流程】煮鸡蛋→剥壳→炸鸡蛋→卤鸡蛋

【制作方法】

①将鸡蛋煮熟,捞起放入冷水中冷却,剥壳待用。

②炒锅上火,舀入花生油,烧至八成热时,放入鸡蛋,炸至金黄色捞出。原锅留少许油,先放入桂皮、小茴香炸出香味,加清水、白糖、酱油、虾籽、姜片、葱白段、黄酒,再放入鸡蛋,烧沸后移小火焖20分钟,使蛋卤透,拣去桂皮、茴香、姜片、葱白段,捞起鸡蛋,淋上香油即可。

【制作要点】

①鸡蛋煮熟后随即放入冷水中,便于剥壳。

②炸鸡蛋时油温要高,使鸡蛋外表起皱,卤制时容易入味,卤汁的口味要好。

【成品特点】鸡蛋表面似虎皮,呈金黄色,味香醇,咸中带甜。

卤兰花干

【用料规格】方干6块（400克），酱油25克，白糖10克，盐2克，虾籽1克，八角2克，花椒2克，麻油15克，花生油750克，清水等适量。

【工艺流程】初加工→炸制→焖制

【制作方法】

①先将方干放入冷水锅中，上火养透后，捞起晾凉。用直刀法在方干的一面划上平行的刀纹，另一面以15°角划上刀纹，呈十字形刀纹，逐块拉开，放在太阳下略晒或风吹，成兰花干生坯。

②炒锅上火，舀入花生油，烧至油温八成熟时，将兰花干生坯逐块放入油锅，两手持筷夹住干子两头将兰花干拉开炸至淡黄色捞出沥油。炒锅倒去油，放入酱油、虾籽、白糖、八角、花椒、盐，再将兰花干放入，舀入清水，上火烧沸后，移小火，焖至入味，再上火收稠卤汁，淋入麻油，起锅即可。

【制作要点】

①要选用质量好的方干，方干不能太大。

②划刀纹要掌握深度，一般深至2/3，正反两面的刀纹交叉角度要掌握好，否则不易拉开。回卤两次最好。

【成品特点】色泽酱红，刀工精细，形似兰花，拉开不断，口感咸鲜，香味浓郁。

清滋排骨

【用料规格】猪小排骨500克，黄酒50克，盐2克，酱油40克，白糖75克，醋40克，麻油30克，葱花5克，姜末5克，花生油500克，清水等适量。

【工艺流程】初加工→腌制→炸制→烧制

【制作方法】

①将猪小排骨洗净，斩成1寸（约3.3厘米）长的条块，放入钵中，用盐拌和，腌渍4小时。

②炒锅上火，舀入花生油，烧至七成热时，将洗净并沥干水分的排骨放入油锅炸至断生，倒入漏勺沥油。原锅上中火，放入葱花、姜末炸香，放入排骨，加清水500克烧沸。撇去浮沫，加黄酒、白糖、酱油烧沸，移小火烧至八成熟时，再移至旺火，加醋，收稠卤汁，淋上麻油即可。

【制作要点】

①排骨油炸时间不宜太长，保持一定的水分，易熟易酥。

②大火收稠卤汁，使滋汁全部附着在排骨上。

【成品特点】色泽光润红亮，酸甜适口。

胭脂鹅脯

【用料规格】鹅1只，盐8克，黄酒30克，白糖25克，蜂蜜10克。红曲粉、葱段、姜片、桂叶、清汤等适量。

【工艺流程】初加工→煮制→冷却→装盘

【制作方法】

①将鹅宰杀，煺毛洗净。从背部用刀开膛取出内脏，洗净后用刀从脖颈处割下，将鹅体剖为两半，放入锅内加水烧开，煮尽血水，捞出后另起锅加清水、盐、黄酒、葱段、姜片、桂叶等煮至脱骨（保持原形状），取出骨即成鹅脯。

②将鹅脯置锅中，加入适量清汤、白糖、蜂蜜、盐、红曲粉入味，待汤汁浓时淋入少许香油即成，食时改刀装盘。

【制作要点】

①鹅肉要清理干净。

②煮制一定要入味。

【成品特点】色泽红亮，口味醇香。

盐水鸭

【用料规格】净鸭1只（约1 500克），花椒10克，八角3克，生姜50克，葱段50克，盐85克，清水等适量。

【工艺流程】初加工→腌制→烧制→装盘

【制作方法】

①将净鸭去掉小翅和脚掌，在右翅肋下开一个约6厘米长的小口，取出内脏，用清水浸泡、洗净、沥干。

②炒锅上火，放入盐、花椒炒香后倒出待用。

③将净鸭放在案板上，取50克盐从刀口处塞入鸭腹内晃匀。另取25克盐擦遍鸭身，再将剩余的盐从刀口和鸭嘴内塞入，放入缸中腌制（夏天1～2小时，冬天4小时），取出后放入清卤内腌渍（夏天2小时，冬天4小时），然后挂在通风的地方晾干，用6厘米长的竹管插于鸭肛门内，取生姜、葱、八角从右翅刀口处塞入鸭腹内。

④汤锅加清水，再加生姜，葱，八角烧开。将鸭头朝下放入汤锅内，使鸭全部淹没在汤内，烧至锅边起小泡，用小火焖20分钟。将鸭捞出控净腹内汤汁后，再放入锅中焖15分钟，取出沥干，抽出竹管，晾凉后切条装盘即成。

【制作要点】

①初加工工序要心细。

②腌制时间要充足。

【成品特点】皮白肉红油润。桂花飘香时鸭肥美，咸香味醇。

2.2.3 酥

酥制冷菜是原料在以糖、醋为主要调料的汤汁中，经慢火长时间煨焖，使主料酥烂，醇香味浓。

酥主要有两种形式：一种是硬酥；另一种是软酥。主料先过油再酥制的是硬酥；不过油直接将原料放入汤汁中加热处理的为软酥。可以酥制的原料很多，肉、鱼、蛋和部分蔬菜均可作为酥制的原料。酥制的主要环节在于制汤，其味型丰富多样，除了烧猪菜肴的基本调味外，尚可加入五香粉或其他香料的调味品。

酥制菜品一般是批量生产，成品要求酥烂，因此首先应当防止原料粘底。在酥制过程中，不可能经常翻动原料，甚至有的原料从入锅到出锅根本无法翻动，所以一定要加衬垫物，并将原料逐层排放。其次，原料及汤水的投放比例要准确，以免影响滋味的浓醇。酥菜制作时间一般较长，故汤汁的投放应比一般菜肴略多一些。开始加热时，以汤汁略高于原料为度。最后，酥制菜品讲究酥烂，为防止原料的形态被破坏，加热完毕后，必须冷却方可起料。

酥鲫鱼

【用料规格】小活鲫鱼750克，酱瓜丝50克，酱仔姜25克，红椒丝25克，葱丝50克，酱油50克，白糖25克，香油30克，黄酒100克，花生油1 000克，醋等适量。

【工艺流程】鲫鱼初加工→剖开洗净→炸鲫鱼→燀制

【制作方法】

①将鲫鱼去鳞腮，用刀从脊背剖开，去内脏，洗净，沥去水分。

②炒锅上火，放入花生油，烧至八成热时，放入鲫鱼炸至鱼身收缩，呈金黄色时，用漏勺捞起沥油。

③取砂锅1只，内放竹垫，放酱瓜丝15克，酱仔姜10克，葱丝15克，红大椒丝10克。将鲫鱼鱼背朝上，鱼头朝外逐层叠起，在上面放酱瓜丝35克，酱仔姜15克，葱丝35克，红大椒丝15克，加酱油、白糖、醋、香油、黄酒、清水100克。将砂锅用旺火烧沸，再用小火焖2小时，收稠汤汁离火，取出竹垫，将鱼背朝上置于盘内，淋上卤汁即成。

【制作要点】

①选长7厘米左右的鲫鱼，力求一般大，不宜太大或太小。

②收稠卤汁时，应防止焦底。

【成品特点】呈酱红色，香酥入味，卤鲜汁浓。

糖醋排骨

【用料规格】肋排500克，香葱50克，生姜30克，大蒜20克，淀粉10克，食用油500克，酱油10克，香醋10克，精盐5克，白糖10克，味精3克，温水等适量。

【工艺流程】初加工→炸制→煮制→收汁

【制作方法】

①排骨洗净剁成小段，姜、蒜洗净切片，香葱洗净切末。

②锅内放油，烧至五成热时，将排骨炸至表面呈焦黄色时捞起沥油。

③锅内留底油，加入盐、酱油、味精、姜片、蒜片，与排骨同炒，倒入没过排骨面的温水，大火烧开，改小火炖煮30分钟。

④排骨入味香软时，加白糖、香醋、香葱末等，用水淀粉勾芡，大火收浓汁即可。

【制作要点】白糖和醋要最后放，酸甜的口味才能彰显出来。

【成品特点】色泽红润，酸甜醇香。

素脆鳝

【用料规格】鲜香菇约300克，大蒜30克，生姜10克，炒香芝麻10克，盐、白糖、鸡汁、鲍鱼汁、豉汁、头抽、胡椒粉、干淀粉等适量。

【工艺流程】初加工→定型→炸制→调味

【制作方法】

①新鲜香菇去蒂，清除杂质后快速过水洗净，控干水后将香菇平铺于大盘放入微波炉，高火加热至菇内水分渗出（约1分钟）取出，用干净毛巾或厨房纸吸干水分。用厨剪沿香菇伞面剪入，保持1厘米左右的宽度剪成长条形宛如鳝鱼的形状，剪至最后剩下中心最厚部分弃之。

②依次将所有香菇剪成鳝鱼形细条状。将香菇条放入大容器中，撒上少许盐及胡椒粉抓匀，一边用筷子挑抖香菇条，一边撒上干淀粉，使每根香菇条都均匀地包裹上生粉。

③起油锅。取锅注油，油温七成时，将香菇条逐条放入，炸至金黄焦脆时捞出控油备用，依此法分批将香菇条脆炸。蒜去皮切，生姜去皮切末。调制芡汁料：取1小碗，加入鸡汁、豉汁、头抽、白糖盐等调匀。炒锅烧热下油，将蒜末、姜末用中小火煸香，倒入调配好的芡汁料翻炒，将炸过的香菇条倒入翻炒至入味挂汁浓稠时盛出，撒上炒香芝麻上桌。

【制作要点】干淀粉要在下锅炸时才能拌上，香菇条既要炸脆，又不能炸焦。

【成品特点】外形形似鳝鱼，质地酥脆，口味浓郁。

剁椒小黄鱼

【用料规格】小黄鱼400克，剁椒50克，香油、味精、葱、姜、料酒、酱油、清水等适量。

【工艺流程】炸制→炒制→调味→装盘

【制作方法】

①将小黄鱼炸至金黄色。

②锅里烧油，倒进剁椒小炒片刻。

③放入鱼，加入清水将鱼煮软，收汁，调入香油、味精、葱、姜、料酒、酱油等。

④炒匀，出锅冷却装盘即成。

【制作要点】

①炸制温度要适宜。

②收汁要浓厚。

【成品特点】色泽红亮，口味香浓。

2.2.4 熏

熏是将经过腌制加工的原料经蒸、煮、炸、卤等方法加热预熟，或直接将腌制入味的生料原料，置于有米饭锅巴、茶叶、糖等熏料的密封容器内，利用熏料烤炙散发出的烟香和热气，将原料熏制成熟的一种方法。经过熏制的菜品，色泽艳丽，熏味醇香，可以延长保存时间。

熏法由来已久，在实际操作过程中，习惯上认为熏常用于以下几个方面：用来加工干制或腌制的原料。由于熏类原料具有独特的风味，且经常需要大量供应，为了使这些原料的保质期能够有效延长，因此采用此法加工。著名品种如各式火腿、各式腊肉等，用来加工制作热菜，用这种方法加工制作冷菜的不多。因为熏过的原料有较明显的烟香味，可以增加菜肴的主味。

熏制菜肴的原料多以动物性及海味品为主，如猪肉、鸡、鸭及蛋类等。

熏白鱼

【用料规格】白鱼1条（约1 000克），姜片250克，白糖100克，葱叶250克，潮茶叶50克，米锅巴屑100克，花椒盐5克，酱油5克，麻油等适量。

【工艺流程】初加工→腌制→熏制

【制作方法】

①白鱼去鳞、剖肚、去鳃、去内脏，洗净，吸去水分。再将鱼剖成两片，一片连头，一片连尾，在鱼身上每隔一寸划一斜刀，用花椒盐腌3小时后洗净，晾去水汽抹上酱油。

②锅内放潮茶叶、白糖、米锅巴屑，架上铁丝络，放上葱叶、姜片，将白鱼放在上面，盖好锅盖（鱼离锅盖1寸），锅盖四周用纸密封。锅上火烧至封纸熏黄，黄烟过后冒白烟时，离火略焖，鱼即熏好，取出，涂上麻油装盘即可。

【制作要点】

①白鱼一定要新鲜，腌制时要掌握咸淡。

②刚熏时，火要大，达到原料上色，然后转小火熏透。

【成品特点】色泽棕红明亮，鱼肉熏香鲜嫩。

熏（鹌鹑）蛋

【用料规格】鹌鹑蛋400克，盐2克，鸡清汤250克，麻油10克，潮茶叶50克，米锅巴屑50克，白糖100克，葱叶100克，清水等适量。

【工艺流程】初加工→煮制→熏制

【制作方法】

①将鹌鹑蛋放入冷水锅，上小火煮沸，离火养熟，捞出鹌鹑蛋放入冷水中冷却，再剥去外壳。将每只鹌鹑蛋划4刀放入碗中，加鸡清汤、盐浸渍入味，滗去汤汁。

②用铁锅1只，放入潮茶叶、米锅巴屑、白糖，放上葱叶、姜，将鹌鹑蛋放在上面，盖好锅盖，锅盖四周用纸密封。锅上火烧至封纸熏黄、黄烟过后冒白烟时，取出鹌鹑蛋，涂上麻油，一剖两半，皮面朝上叠入盘中即可。

【制作要点】

①鹌鹑蛋要浸渍入味。

②锅盖离铁丝络1寸，以便上色。

【成品特点】色呈棕红，细嫩鲜香。

2.2.5 水晶

水晶也叫冻，是指用猪肉皮、琼脂（又称石花菜、冻粉）等胶质蛋白经过蒸或煮制，使其充分溶解，再经冷凝冻结形成冷菜菜品的方法。

制冻的方法分蒸和煮两类，习惯上以蒸为好。因为冻制菜品通常的质量要求是：清澈晶亮，软韧鲜醇。蒸在加热过程中是利用蒸汽传导热量，而煮则是利用水沸后的对流作用传导热量。蒸可以减少沸水的对流，从而使冷凝后的冻更澄清、更透明。

饮食行业中加工冻制菜品习惯上有两种类型。

1）皮胶冻法

皮胶冻法是用猪肉皮熬制成胶质液体，并将其他原料混入其中（通常有固定的造型），使之冷凝成菜的方法。在实际操作过程中，根据加工方法的不同又可以分为花冻成菜法和调羹成菜法（盅碟成菜法）。

所谓花冻成菜法，就是洗净的猪皮加水煮至极烂，捞出制成蓉泥状（或取出汤汁去皮），加入调味品，淋入鸡蛋液。也可掺入干贝丝、熟虾仁细粒，并调以各式蔬菜细粒，冷凝成菜。其成品具有美观悦目、质韧味爽的特点，如五彩皮糕、虾贝五彩冻等。

调羹、盅碟成菜法，是指在成菜过程中需要借助小型器皿，如调羹、盅碟（或小碗）等。制作时，取猪肉皮洗净熬成皮汤，取盅碟等小型器皿，将皮汤置其中，放入加工成熟的鸡、虾、鱼等无骨或软骨原料（按一定形状摆放更好），冷凝成菜。用此法加工的冻菜，除猪肉（用于制作肴肉）外，一般都应将原料加工成丝状或小片、细粒等。调味也不宜过重，以清淡为主。此法在行业中使用较普遍，如水晶鸡丝、水晶鸭舌等。

皮冻成菜的先决条件是冻的制作。首先是所用肉皮必须彻底洗净，达到无毛、无杂质。在正式熬制前，应先将肉皮焯水后内外刮净，清洗后改成小条状入锅加热，便于熟烂。其次，熬制皮汤时，要掌握好皮汤中皮与水的比例，一般以1∶4为宜。若汤水过多，则冻不结实；若汤水过少，则胶质过重，韧性太强。皮汤凝结后一般以透明或半透明为主，所以在熬汤时除了用盐、味精、葱结、姜块及少量黄酒外，一般不用有色调味料和辛香料，防止因使用有色调味料而影响冻的成色。皮冻熬好后，根据成菜要求，添加所需调味品。

2）琼脂冻法

琼脂冻法是指将琼脂掺水煮化或蒸熔，浇在经过预热的原料上，冷却后使其成菜的方法。琼脂冻与皮冻相比，具有不同的质地和口感。通常情况下，琼脂冻较为脆嫩，缺乏韧性，因此一般用于甜制品的制作，有时也用于花色冷盘的衬底，或掺入其他原料做冷菜的刀面原料。琼脂冻类的菜品操作比较简便，成菜具有色泽艳丽、清鲜爽口的特点。琼脂冻的操作要领体现在以下几个方面：所用琼脂一般为干制品，使用前用清水浸泡回软后，漂洗干净，再放入清水中煮化或蒸熔。若是制作甜品，可不加水，掺入冰糖，蒸至琼脂及冰糖熔化，倒入事先备好的容器中冷凝成形。掌握好琼脂与水的比例：水加多了，成品不易凝结；水加少了，凝结质老易于干裂，口感欠佳。琼脂与水的比例一般控制在1∶10左右。

根据用途不同，琼脂在熬制过程中可适量添加一些有色原料，以丰富菜品色彩。例如，倘若要做"海南清晨"花色冷盘，可将绿色素加入熬制的琼脂中搅匀，倒于盘中使之冷凝，状如海水；也可将可可粉或咖啡调入琼脂中，使之凝结成褐色的冻，用于花色冷盘切摆刀面。

琼脂冻类菜品若无特殊用途，通常要借助成形器皿来完成，如草莓琼脂冻、什锦果冻等。

另外，近年来也常用鱼胶来制作冻类冷盘。用鱼胶制作冷盘菜肴，适用于味较浓烈或色较重的菜品类型，如辣香鱼冻、果味鱼冻等。

冻制菜品是冷菜制作中常见的一种形式。适合冻法成菜的原料有很多，大多数无骨、细小的动物性原料适宜用皮冻成菜法，大多数植物性原料，特别是水果类原料适用于琼脂冻法。

水晶肴肉

【用料规格】猪蹄髈（拆骨）2 000克，盐120克，黄酒15克，葱结2个，姜3片，花椒、八角、老卤、温水等适量。

【工艺流程】猪蹄髈去骨→腌制→泡水→水煮→压制

【制作方法】

①将猪蹄髈洗净，用细木签在肉面上均匀地戳上一些小孔，撒上盐来回揉透，然后放入缸内腌几天（春秋天约2天，夏天约1天，冬天约3天），再将猪蹄髈放在冷水中浸泡1小时，以解涩味，取出，刮除皮上的杂质，至皮和肉呈现白色为止，再用温水漂净。

②将猪蹄髈放入锅内，加葱结、姜片、黄酒、花椒、八角和老卤，以淹没肉面为准。用

旺火烧沸后，转小火焖煮1.5小时，将蹄肉翻转。继续用小火焖煮1小时，至酥取出，皮朝下放入盆内，舀出少量卤汁，撇去浮油，浇在蹄髈上。再用重物压紧，冷透后即成肴肉。食用时切片装盘，附上姜丝、香醋两小碟即成。

【制作要点】

①随着气候的变化，腌制猪蹄髈的用盐量和腌制时间也有所不同。

②掌握好猪蹄髈煮制的时间和火候。

【成品特点】颜色透明，香嫩不腻。

西瓜冻

【用料规格】红西瓜瓤1 000克，琼脂5克，冰糖100克，白糖100克，清水等适量。

【工艺流程】琼脂熔化→西瓜去籽→西瓜切丁→入锅→冷凝

【制作方法】

①将琼脂放入锅中熔化，用筛箩过滤两次。

②西瓜去籽，切成小丁，其余榨出汁，去渣待用。

③将琼脂汁和西瓜汁同放锅内，加白糖上火烧沸，然后倒入西瓜丁，舀入盘内，待冷却后放入冰箱冷冻凝固。另取一锅舀入清水400克，加冰糖上火烧沸，舀入碗内，冷却后也放入冰箱冷冻。

④取出西瓜冻，改刀排齐放在深盘内，将糖汁浇在西瓜冻上。

【制作要点】

①掌握好琼脂与西瓜汁的比例。

②制好的汁水，晾凉后才能放入冰箱冷冻。

【成品特点】清凉爽口，软硬适度，切之不碎。

外婆鱼冻

【用料规格】鳜鱼750克，鸡蛋清75克，鸡蛋150克，胡萝卜片150克，生菜75克，豌豆25克，葱25克，芹菜25克，介力片（琼胶）50克，清汤750克，芹菜段、萝卜花、胡椒粉、盐、醋、味精等适量。

【工艺流程】初加工→煮制→炖制→冷却

【制作方法】

①将鱼去头、去皮、洗净，放入锅内，加清水和醋稍余，去其腥味，取出，过冷水冲凉。锅内另换清汤，下入鱼、葱头片、胡萝卜片、芹菜段、胡椒粉等，上火煮熟，将鱼捞出，去骨切成鱼片。

②将鸡蛋煮熟去皮，削成花瓣，与豌豆、萝卜花、芹菜段、鱼片一起摆放在模子中。

③用冷水将介力片泡软后，把水滗出，与鸡蛋清一起，用绑着的筷子稍打几下，放入鱼汤内，用小火炖1个小时左右，放入味精、盐调好味，过滤，放凉，注入模子内，开始量小，使鱼片定型凝固，然后全部注入，下冰箱成冻。

④食时，鱼冻扣盘中即可。

【制作要点】

①煮制火候要把握好。

②炖制需用小火。

【成品特点】晶莹透明，味美鲜香。

课后思考题

1. 了解冷菜制作的分类，并说出生制冷吃与热制冷吃的区别。

2. 什么是水晶？分为哪几种形式？制作过程中有哪些注意点？

3. 什么是卤？简述常用卤法的操作过程。

任务3 冷菜拼摆

单 拼

【用料规格】肴肉、生姜等。

【工艺流程】修料→垫底→拼摆→整形

【制作方法】

①将肴肉切成长方形薄片,码成馒头形初坯。

②将肴肉切成边缘呈锯齿形的梯形片,按顺时针方向旋叠成馒形体(半球体)。

③生姜切细丝,堆于馒形体顶端。

【制作要点】

①切肴肉时采用直刀法,厚薄均匀一致。

②用肴肉拼摆时要求间距一致。

③生姜切得越细越好,要漂水以去除辣味。

【成品特点】形象美观大方,质朴素雅,饱满轻灵。

双色拼盘

【用料规格】胡萝卜、黄瓜。

【工艺流程】修料→垫底→拼摆→整形

【制作方法】

①胡萝卜、黄瓜，修出刀面，其他切成薄片分别垫在盘子中成馒头状初坯。

②将两者切成薄片，分别围叠两层（各占一半）。

【制作要点】

①两部分各占一半，大小均匀。

②选用的两种原料要色彩差别大，不可选用近色或同色的原料。

【成品特点】此造型拼构简朴明快、形态饱满、旋转对称、色彩清晰，有一种敦厚、对称、平和的形式美感。

三色拼盘

【用料规格】黄瓜、胡萝卜、心里美萝卜。

【工艺流程】修料→垫底→拼摆→整形→点缀

【制作方法】

①胡萝卜、黄瓜、心里美萝卜，修出刀面，其他切成薄片分别垫在盘子中成馒头状初坯。

②将三者切成薄片，分别围叠两层（各占1/3）。

【制作要点】

①垫底饱满。

②选用的3种原料要色彩差别大，不可选用近色或同色原料。

③三拼选用圆盘或腰盘都可以，腰盘更为适宜。如选用圆盘，垫底呈馒头形；如选用腰盘，垫底则呈橄榄形。

【成品特点】此造型主体部分为渐次变化、趋向集中的构图设计，围边部分采用同向旋转构图，整体造型中的色彩对比协调，规则而不呆板。

 课后思考题

1. 通过一道单拼的制作，总结其制作关键和要领。

2. 通过一道双拼的制作，总结其制作关键和要领。

3. 通过一道三拼的制作，总结其制作关键和要领。

項目 **3**

热菜制作

【学习难点】
各类烹调方法的分类及其特点。
【学习重点】
各类烹调方法典型菜肴的制作方法及要点。
【课时数】
36课时。
【教学方法建议】
任务驱动法、问题探究法、项目教学法。

任务1 炸类菜肴

3.1.1 炸的概念

炸是以油为传热介质,原料在大油量、高油温时段加热,使成菜具有香、酥、脆、嫩等特点的烹调方法。

3.1.2 炸的种类

根据炸菜的特征,原料大多要经过炸前的腌渍入味或挂糊等处理,然后入油锅炸制成熟。炸的菜肴一般要求外层酥脆,内部鲜嫩,无芡汁。在操作步骤上往往需要分成两步:第一步是成熟,油温不需要太高;第二步是复炸,使外层快速脱水变脆,避免内部水分损失,则油温一般都比较高。根据原料在油炸前是否挂糊,将炸分为清炸、挂糊炸和特殊炸三大类。

1)清炸

清炸是原料不经挂糊上浆,用调料拌渍后,投入油锅旺火加热的方法。清炸的关键是:必须根据原料的老嫩、大小,掌握好油温及火候。质嫩或条、块、片等小型原料,应在油五成热时下锅,炸的时间要短,约五成熟即捞出,待油再热后,复炸一次。形状较大的原料,要在油热到七至八成时下锅,炸的时间要长一些或间隔地炸几次,也可酌情端锅离火几次,待原料内部炸熟后取出,等油温回升到八至九成热后再投入油锅中炸到外表发脆即成。

清炸的特点是：制品外香脆，里鲜嫩，清香扑鼻。

2）挂糊炸

原料经调味浸渍，挂上事先调制的各种糊或其他物料，投入油锅中炸制成熟。根据原料挂制的糊种不同和菜肴的要求不同，挂糊炸又可分以下几种：

（1）干炸

干炸是将经刀工处理的原料，加调味品浸渍，再拌入糊料，投入较高油温的锅中炸制成熟的炸法。在糊层处理和类型上有拍粉干炸、挂糊干炸、蒸后干炸和丸状原料干炸等。

（2）脆炸

脆炸是将加工处理后的原料，经调味品浸渍，然后挂上脆皮糊入油锅炸制成熟的炸法。常用的脆皮糊原料有淀粉、面粉、豆油、发酵粉、吉士粉、泡打粉等。

（3）酥炸

酥炸有两种形式：

①不挂糊的酥炸。就是把整只禽类原料用调味品腌渍后上笼蒸至熟烂，稍晾凉后直接投入七至八成热的油锅中炸至酥脆的一种方法。

②挂糊的酥炸。将原料经刀工处理后挂上酥炸糊，投入六至七成热的油锅中炸至成熟，再复炸上色的一种方法。

（4）软炸

软炸是将原料先用调味品浸渍，再挂上蛋清粉糊，投入中温油锅中炸制成熟的烹调方法。成品色泽浅黄，鲜香软嫩。

（5）香炸

香炸是将刀工处理后的原料，用调味品浸渍，再拍上干淀粉，拖入蛋糊，再滚粘上面包糠（面包丁、熟芝麻、熟松仁、熟花生仁、熟瓜子仁等含香物质），压紧后投入油锅中炸制成熟的一种方法。

（6）包炸

包炸是将无骨鲜嫩的原料，经调味品浸渍后，用能食用的糯米纸或不能食用的耐高温无毒的玻璃纸包成小包，投入温油锅中炸制成熟的一种方法。包层似糊物，使原料不直接与高温油接触，保持了原料的鲜美滋味，同时也保持了原料的塑造形态，是一种比较独特的炸法。采用糯米纸包制，要防止糯米纸受潮，要即包即炸，防止粘连散包。油温一般控制在五至六成热。采用无毒玻璃纸包制，要包紧包牢，不能让原料卤汁流出，也不能在油炸时散开，包裹时要留一角在外（便于食用时打开），油温一般控制在三至四成热。

（7）卷炸

卷炸是将原料加工成蓉状、丝状等，经调味处理后，用能食用的大片状的原料（粉皮、豆腐皮、百页、网油、黄芽菜叶等）或加工成大片状的原料（肉片、鸡蛋皮、鱼片等）卷成各种形状（有的要经蒸制后），外表挂上一层蛋粉糊，投入油锅中炸至成熟的一种方法。

3）特殊炸

将带皮的原料（一般是整鸡、整鸭之类）先用沸水略烫，使外皮收缩绷紧，并在表面挂上饴糖，吹干后放入旺火热油锅内，不断翻动，并将热油灌入腹内，待全身炸成淡黄色时，再将油锅端离火口，让原料在油内浸熟取出。这种炸法，通常称为脆炸。其成品外皮非常脆。

有的将生料去骨，加工成片或块，经过调味并挂上蛋泡糊后，用温油慢慢炸熟，通常称为松炸。成品涨发饱满，非常松软。

有的将鲜嫩的原料用调味品腌渍后，放入七至八成热油锅内，随即将锅端离火口，慢慢将原料浸熟，通常叫作油浸或油淋。成品非常鲜嫩，而且能保持原料原有的颜色。

也有将鲜嫩和小型的原料用调味品浸渍后，放在漏勺里，待油烧到冒青烟时，用手勺将油不断浇在原料上，使原料成熟，通常叫油泼。成品极为鲜嫩。

3.1.3 炸的特点

炸制菜肴的风味特色主要有外脆里嫩、外松里糯、外酥脆里松软等。在炸制过程中，操作者往往采用复油炸、间隔炸、油浸炸等方法。

复油炸是指原料放入油锅后，先炸到一定成熟程度，捞出原料，重新调节锅内油温，再放回原料复炸一次，以达到炸制菜肴应有的效果。

间隔炸是指原料在油炸过程中，油温高了便离开火口，待油温下降后又重上火口，它是调节油温、保证炸制菜肴质量的重要方法。

油浸炸是指经过加工处理后需要油炸的原料，在适当火力、油温时下锅，并将锅端离火口，适时重上火口，用温油再浸炸。

3.1.4 炸的技术要领

炸是烹调方法中较为重要的一种方法，炸的技法以旺火、油量多为主要特点。需要注意的是：

①必须将所炸原料用足够的油来淹没，使其受热均匀。

②油的温度变化较大，烹调的有效油温为100～230 ℃，根据菜肴的特点灵活掌握油温。

③油的温度不仅有热油锅、温油锅、旺油锅之分，而且有先热后温和先温后热之别，有的还用冷油下锅。因此，既要考虑原料性质，又要善于用火。

3.1.5 炸的制作实例

翡翠虾球

【用料规格】虾仁200克，鲜蚕豆仁150克，肥膘肉50克，鸡蛋（1个）清，盐1克，味精1克，干淀粉10克，花椒盐1克，黄酒10克，葱姜汁10克，色拉油1 000克（实耗100

克）。

【工艺流程】蚕豆仁（切细）虾仁、肥膘肉→初加工→切成蓉→着味上劲→挤成球形→炸→复炸→装盘成菜

【制作方法】

①先将虾仁、肥膘肉切成蓉，加鸡蛋清、干淀粉、黄酒、葱姜汁、盐、味精等搅匀，再将鲜蚕豆仁略切后放入虾馅中搅匀。

②锅内放油烧至六成热，将虾仁蚕豆馅挤成圆子，放入锅内炸至轻浮油面，捞起沥油即成虾球。待油温升至七成热时，放入虾球复炸，使外壳起脆，捞起沥油，即成翡翠虾球。

【制作要点】

①虾仁要去尽水分，搅拌上劲。

②虾球要挤得光滑，大小一致。

③要控制好油温，初炸时油温不宜过高，复炸时油温要略高，时间要短。

【成品特点】色彩鲜明，蚕豆仁鲜嫩翠绿，虾肉软嫩。

凤尾虾排

【用料规格】对虾12只，大虾仁100克，肥膘肉30克，鸡蛋清（1个）清，面包屑150克，盐1克，味精1克，黄酒5克，葱姜汁10克，干淀粉50克，花椒盐2克，麻油5克。

【工艺流程】

对虾→初加工→凤尾形

　　↓

虾仁、肥膘肉→初加工→切成蓉→着味上劲→虾片抹上虾馅→炸→复炸

　↑ 　　　　　　　　　　　　　　　　　　　　　　　　　　↓

裹面包屑　　　　　　　　　　　　　　　　　　　　装盘成菜

【制作方法】

①将虾仁洗净后沥干水分，与肥膘肉分别切成蓉，加盐、味精、黄酒、葱姜汁、鸡蛋清、干淀粉等搅匀上劲成虾馅。

②将对虾逐一剥去头和身壳（留虾尾壳）成凤尾虾，加葱姜汁、盐、黄酒拌入味。

③先将凤尾虾放在干淀粉上，用面棍将虾肉轻轻敲打成汤勺大小的片，再将虾馅均匀地抹上虾片的两面，粘上面包屑按实，即成凤尾虾排生坯。

④锅内放油烧至六成热时，放入凤尾虾排生坯，炸成淡金黄色时捞起沥油，待油温升至七成热时，将凤尾虾排复炸至金黄色捞起，放入盘中，撒上花椒盐，淋上麻油。

【制作要点】

①虾馅要搅匀上劲，水分不宜多。

②敲虾排时干淀粉要适量，要保持虾尾不能脱落，以防影响造型。

③虾馅粘贴虾片时要厚薄均匀，面包屑要粘牢。

④掌握好油温，虾排不能炸得太老，以防焦枯。

【成品特点】虾尾翻翘形似凤尾，色泽金黄，外酥香，里鲜嫩。

面包芙蓉虾

【用料规格】虾仁150克，咸面包2只（250克），熟肥膘肉50克，熟火腿末10克，青菜叶末10克，鸡蛋清（1个）清，味精3克，盐5克，葱姜汁10克，黄酒10克，花椒盐20克，番茄酱50克，麻油5克，花生油1 000克（实耗100克）。

【工艺流程】

虾仁、肥膘肉初加工→切成蓉→着味上劲→面包抹上虾馅→炸→复炸

　　↑　　　　　　　　　　　　　　　　　　　　　　　　↓

面包切片　　　　　　　　　　　　　　　　　装盘成菜

【制作方法】

①将虾仁洗净后沥去水分，与熟肥膘肉分别切成蓉状，加鸡蛋清、黄酒、葱姜汁、味精、盐搅和上劲成芙蓉虾馅。

②先将咸面包切去边皮，再切成7厘米长、3厘米宽、0.7厘米厚的长方片。

③将芙蓉虾馅均匀地抹在面包片上，馅约厚0.5厘米，并间隔着放上熟火腿和青菜叶末，即成面包芙蓉虾生坯。

④炒锅上火烧热，放入少许花生油，将面包芙蓉虾生坯排放在锅内，用中小火煎至面包底部呈淡金黄色时倒入漏勺中。锅内放花生油烧至六成热以上，将面包芙蓉虾养炸成熟，并达到虾仁白嫩、面包香脆后捞起沥尽油，切成一字条，整齐地排放在盘中，淋上麻油，可与花椒盐、番茄酱同食。

【制作要点】

①须选用咸面包，因含糖，面包易焦化，影响色泽、口感。

②虾馅要和面包粘牢，火腿末和青菜叶末要按实在虾馅上，炸时不易脱落。

③烹调时必须先煎后炸，炸时控制好火候和油温，以确保面包松脆、虾馅白嫩。

【成品特点】面包松脆，虾蓉白嫩似芙蓉，色彩鲜艳。

香炸鱼排

【用料规格】净鳜鱼肉200克，面包屑150克，鸡蛋（1个）清，葱段10克，姜片10克，酱油10克，盐5克，花椒盐15克，味精1克，黄酒20克，番茄酱50克，干淀粉15克，花生油500克（实耗75克）。

【工艺流程】

鱼肉切片→初加工→码味→蘸鸡蛋糊→滚上面包屑→炸→复炸→装盘成菜
　　　　　　　↑
调鸡蛋糊

【制作方法】

①将鱼肉切成长约8厘米、宽5厘米、厚1厘米的长方片。

②将鱼片轻轻拍松，加葱段、姜片、黄酒、酱油、盐、味精、胡椒粉等拌匀浸渍入味。

③用鸡蛋清和干淀粉调成鸡蛋糊，将已码好味的鱼片均匀拖上鸡蛋糊，滚上面包屑，按实，即成鱼排生坯。

④炒锅上火，放入花生油，烧至油温七成热时，放入鱼排生坯，炸至淡黄色。并浮出油面时，捞出沥油。待油温烧升至八热时，将鱼排复炸成金黄色捞起，切成一字条或撕成块装入盘中，配上花椒盐和番茄酱同食。

【制作要点】

①鱼肉要新鲜、少刺。鱼片要浸渍入味，去尽腥味。

②鸡蛋糊不能稀，粘连面包屑时要均匀、粘牢，以防炸制时脱落。

③要掌握好炸制的油温和时间，以防鱼排含油或焦煳。

【成品特点】色泽金黄，外表香脆，鱼肉鲜嫩。

凤眼鸽蛋

【用料规格】熟鸽蛋10个左右，虾仁100克，咸面包200克，肥膘肉50克，熟火腿5克，水发香菇2片，青菜叶末5克，鸡蛋（1个）清，盐1克，味精1克，黄酒5克，葱姜汁5克，干淀粉20克，花椒盐2克，色拉油800克（实耗100克）。

【工艺流程】

熟鸽蛋→初加工
　　　　↓
虾仁、肥膘肉→初加工→着味上劲→面包抹上虾馅→凤眼鸽蛋生坯→煎
　　↑　　　　　　　　　　　　　　　　　　　　　　　　　　　　↓
面包→菱形片　　　　　　　　　　　　　　　装盘成菜←复炸

【制作方法】

①将熟鸽蛋一剖为二。将咸面包切成厚0.7厘米、长5厘米、宽3厘米的菱形片12片。

②将虾仁洗净后去尽水分，与肥膘肉分别切成蓉，加盐、味精、黄酒、葱姜汁、鸡蛋清、干淀粉等搅拌上劲成虾馅。

③将菱形面包片放在案板上，抹上一层虾馅，把半个鸽蛋黄朝下放在虾馅中间按紧，用鸽蛋清抹光面包和鸽蛋之间的虾馅，香菇片即成凤眼鸽蛋生坯。

④炒锅烧热，放少许油烧至五成热。先将凤眼鸽蛋生坯放入锅中煎制，使面包起脆，再加适量油加热养炸，使面包色金黄、香脆，虾仁鸽蛋鲜嫩，色白后出锅沥油，整齐地排放在盘中，配花椒盐上桌。

【制作要点】

①鸽蛋要完整，虾仁要新鲜。

②虾馅要搅拌上劲，面包、虾馅、鸽蛋三者粘接要牢固，不能脱落。

③凤眼鸽蛋的面包部位要先煎后炸，以便保证面包香脆，虾仁鲜嫩。

【成品特点】面包金黄香脆，鸽蛋虾仁细嫩，色泽鲜艳，形似凤眼。

松炸番茄

【用料规格】番茄300克，糯米粉100克，小麦面粉50克，鸡蛋清60克，苏打粉8克，青椒5克，柿子椒5克，色拉油150克，白糖60克，开水等适量。

【工艺流程】番茄烫皮→改刀→裹苏打粉糊→炸制→复炸→点缀装盘

【制作方法】

①先将番茄用开水烫一下，去皮，再用刀切成菱形块，去籽，撒上面粉稍拌，待用。

②用鸡蛋清、大米粉、面粉、少许水搅拌均匀，加入小苏打制成苏打粉糊。

③将炒锅放于火上，倒入色拉油，待油四成热时，将番茄逐块蘸上苏打粉糊，放入油中炸熟捞出。

④待油温达七成热时，将番茄放入锅中重炸一次，捞出控净油装盘。

⑤撒上白糖，点缀青红丝即成。

【制作要点】

①调制蛋泡糊，必须将鸡蛋清全部打起，不可有底液。

②挂糊时，要求大小均匀，糊包住原料，形状美观。

③油温要低，采用中火低油温，多翻动，使之受热均匀，色泽一致。

【成品特点】松软、鲜嫩、香甜。

卷筒鸡

【用料规格】鸡肉（净）400克，网油500克，水发冬菇100克，鸡蛋3个，麻油25克，酱油10克，料酒10克，盐2.5克，味精5克，白糖5克，胡椒粉0.5克，辣酱油50克，干淀粉30克，生油、葱、姜等适量。

【工艺流程】

鸡肉→初加工→辅料码味→包裹主料→挂鸡蛋糊→炸制成形

网油→初加工→拍干淀粉　　　　　　　　　　　改刀装盘

【制作方法】

①先将鸡肉切成3.3厘米长的粗丝，然后将水发冬菇去蒂洗净，切成3.3厘米长的粗丝，再将葱、姜切成细丝。将上述各丝一并放入锅内，加入料酒、酱油、味精、盐、白糖、胡椒粉、干淀粉等拌和，再加入麻油、生油（约75克）拌匀待用。

②网油洗净后晾干水分，切成长33厘米、宽17厘米的长方块（共4块），拍上干淀粉，将拌好的鸡丝分散在4块网油上，包成26.4厘米长、2.3厘米直径的卷筒形。

③锅内放入生油，烧至四成热时，把网油卷沾上干淀粉和鸡蛋调成的稀糊，放入油中炸7分钟左右，待网油卷浮起、表面呈黄色时捞起，切成1.3厘米厚的斜刀棱形片装盆，跟辣酱油同时上席即成。

【制作要点】

①鸡蛋糊稀稠要适当，稀易脱糊，太稠会影响成熟后的口味。

②包卷卷筒鸡时要卷紧，以防止受热变形，影响美观。

③油炸卷筒鸡生坯时，应注意控制好油温。

【成品特点】色泽金黄，外香脆，里鲜嫩。

交切虾

【用料规格】虾仁150克，豆腐皮2张，炒熟芝麻100克，鸡蛋（1个）清，盐1.5克，黄酒10克，葱姜汁10克，花生油1 000克（实耗75克）。

【工艺流程】初加工→炸熟→装盘

【制作方法】

①将虾仁切成蓉，加葱姜汁、鸡蛋清、黄酒、盐拌匀上劲成馅。先用干净湿布覆盖在豆腐皮上面使其回软，再用刀切成10厘米长、7厘米宽的长方片，在豆腐皮的两面抹上虾馅，蘸上芝麻，制成交切虾生坯。

②将炒锅上火烧热，舀入30克花生油滑锅，将交切虾生坯入锅烙热，取出冷却。原锅复上火，舀入花生油，烧至油温六成热时，放入交切虾炸成金黄色，倒入漏勺沥油，切成斜角块，装盘即成。

【制作要点】

①豆腐皮两面的虾馅要抹平，芝麻要均匀蘸满，而且要捏实，防止芝麻脱落。

②入油锅炸时，油温不能过高，否则芝麻易枯。

【成品特点】色泽金黄，香鲜薄脆。

锅烧虾蟹

【用料规格】蟹粉150克，虾仁200克，熟猪肥膘肉50克，鸡蛋1个，盐1克，干淀粉10克，葱姜汁5克，花椒盐1克，胡椒粉0.5克，黄酒10克，花生油1 000克（实耗100克）。

【工艺流程】初加工→炸熟→装盘

【制作方法】

①将虾仁、熟猪肥膘肉分别切成蓉，加葱姜汁、黄酒、鸡蛋、干淀粉、胡椒粉、盐、蟹粉搅拌上劲成虾蟹肉馅。

②炒锅上火，舀入花生油，烧至六成热时，将虾蟹肉馅挤成橄榄形，放入油锅中炸至成熟，捞起沥油，装盘后撒上花椒盐。

【制作要点】

①蟹粉、虾仁要新鲜、洁净、无水分。

②虾蟹肉馅要去腥味，搅拌上劲。

③炸制时油温要适当，否则会影响菜肴风味。

【成品特点】色泽金黄，外松脆，里鲜嫩。

椒盐黄鱼

【用料规格】鲜小黄鱼10条，鸡蛋2个，粳米粉100克，面粉50克，葱段10克，姜片10克，黄酒15克，盐2克，味精1克，胡椒粉1克，麻油25克，色拉油1 000克（实耗150克），水等适量。

【工艺流程】初加工→炸熟→装盘

【制作方法】

①将小黄鱼初加工后洗净，在鱼身两侧剖刀，加葱段、姜片、黄酒、盐、味精、胡椒粉等腌渍入味。

②将鸡蛋打散，加粳米粉、面粉、水调成全蛋糊。

③锅内放油烧至七成热时，将小黄鱼均匀地裹上全蛋糊放入油中炸制，使外表结壳、鱼体上浮油面时，捞起沥油。待油温升至八成热时，将鱼复炸至外表金黄色、酥脆，捞起沥油。

④净锅上火，放入炸好的小黄鱼，淋上麻油，均匀地撒上花椒盐，翻锅装盘即成。

【制作要点】

①小黄鱼剖刀后要腌渍入味。

②全蛋糊的稀稠度要适中，拖糊时要均匀地包住鱼体。

③炸鱼时，要控制好油温，初炸时要定型养炸，复炸时要定色炸透。

【成品特点】外表脆香，里面鲜嫩。

干炸刀鱼

【用料规格】鲜刀鱼300克（3条），鸡蛋1个，粳米粉80克，面粉50克，葱段、姜片各10克，酱油10克，黄酒15克，味精1克，胡椒粉1克，花椒盐1克，麻油10克，花生油1 000克（实耗100克），水等适量。

【工艺流程】初加工→炸熟→装盘

【制作方法】

①刀鱼去鳞、鳃，用筷子从鳃部伸进鱼腹绞出肠脏洗净。将鱼身两面剖十字刀，切去头、尾，将鱼身切成3厘米长的斜菱形块，用葱、姜、黄酒、酱油、胡椒粉、味精等腌渍入味。将鸡蛋打散，加粳米粉、面粉、水调成全蛋糊。

②油温烧至七成热时，将刀鱼块蘸上全蛋糊炸成外表淡金黄色、结壳时，捞起沥油，冷却后抽去鱼块中的脊骨，再蘸上少许全蛋糊。

③将油温烧至八成热时，将鱼块复炸，使鱼块外表呈金黄色上浮油面捞起沥油。

④炒锅上火，放入刀鱼块，撒上花椒盐，淋上麻油即可。

【制作要点】

①刀鱼要剞刀腌渍入味。

②全蛋糊不要调得太浓或过稀。

③要掌握好鱼块初炸和复炸时的油温，以保证菜肴质量。

【成品特点】外香脆，里细嫩。

炸肫仁

【用料规格】鸭肫200克，鸡蛋150克，糯米粉75克，面粉50克，大葱10克，姜10克，酱油10克，料酒15克，麻油10克，椒盐1克，花生油100克，水等适量。

【工艺流程】初加工→炸制→调味

【制作方法】

①将鸭肫洗净，剥去肫皮，取出肫仁。在肫仁上打上剞刀，用刀面轻轻将肫仁拍松，切成2块。将肫仁放入碗中，加葱结、姜块、料酒、酱油浸渍一下。再将鸡蛋打散，加糯米粉、面粉、水搅成鸡蛋糊。

②炒锅烧热，放入花生油，待油烧至七成热时，将肫仁裹上鸡蛋糊，放入油锅内炸透，捞起滤油。至油温升至八成热时，将肫仁再放入炸至金黄色，倒入漏勺滤油。再放入炒锅，加花椒盐、芝麻油颠匀，起锅装盘即成。

【制作要点】肫仁必须拍松，浸渍才能入味，也易受热成熟。

【成品特点】外脆里嫩，脆中带嫩，口味鲜香。

炸荸荠夹子

【用料规格】大荸荠400克，面粉50克，京糕150克，猪油1 000克，鸡蛋100克，糖红绿丝5克，糯米粉75克，水等适量。

【工艺流程】初加工→炒制→调味

【制作方法】

①取大荸荠削去皮、洗净并切成0.3厘米厚的圆片，将京糕切成略小于荸荠片的圆片。在两片荸荠片子中间，夹一片京糕片，即成荸荠夹子生坯。将鸡蛋、糯米粉、面粉、水适量搅成蛋清糊。

②炒锅上火，舀入熟猪油，待油四成热时，将荸荠夹子蘸上蛋清糊，放入油锅炸至里熟、外结壳时，捞起沥油。待油烧至六成热时，再放入荸荠夹子，炸至淡黄色捞起装盘，撒上糖红绿丝即成。

【制作要点】

①荸荠圆片要大小一致，炸时油温要略低，油温过高，荸荠会失去水分。

②如不夹京糕，吃甜味可夹枣泥、细沙，吃咸味可夹肉馅虾馅。

【成品特点】黄白红三色相间，酥脆可口。

炸山鸡塔

【用料规格】山鸡脯肉250克，猪网油400克，粳米粉150克，雪里蕻叶6张，葱姜汁10克，干淀粉10克，虾仁100克，鸡蛋（3个）清，黄酒50克，盐3克，味精1克，葱椒1克，芝麻油50克，花生油1 000克（约耗100克），花椒盐0.5克。

【工艺流程】初加工→炸制→调味

【制作方法】

①将山鸡脯肉、虾仁分别切成蓉同放碗中，加鸡蛋（1个）清，葱姜汁、淀粉5克搅拌均匀，再加盐、味精、芝麻油搅匀上劲，成山鸡塔馅。将鸡蛋（1个）清放入碗中，加葱椒、干淀粉搅成蛋清浆。再加鸡蛋（2个）清，和粳米粉搅匀，与花生油10克搅匀成鸡蛋糊。分别将网油和咸雪里蕻叶洗净，用洁布抹干水分，切成长8厘米、宽6厘米的长方形。

②将网油块铺在菜墩上，抹上蛋清浆，撒上山鸡馅，抹平，盖上雪里蕻叶，成山鸡塔生坯。

③将炒锅置火上，放入花生油，烧至约170 ℃时，将山鸡塔生坯裹上鸡蛋糊（要露出绿色），逐块下油锅炸至呈淡黄色，浮上油面时，即用漏勺捞起。待油温升至约190 ℃时，再

将山鸡塔入锅，炸至金黄色，捞起沥尽油，切一字条装盘，撒上花椒盐，淋上芝麻油即成。

【制作要点】

①馅料咸淡适宜，鸡蛋糊稀稠适度，挂糊时菜叶略透绿色。

②炸制时要掌握油温，低则容易脱糊，高则容易出现外焦里不熟。

【成品特点】外酥香，内鲜嫩，色金黄。

香酥鸭

【用料规格】光鸭1 500克，葱80克，粗盐65克，姜130克，花椒8克，黄酒10克，桂皮20克，酱油10克，八角8克，小茴香4克，甜面酱、番茄酱等适量。

【工艺流程】初加工→炸制→调味

【制作方法】

①先除去光鸭的内脏、翅膀、鸭脚、鸭骚，再把鸭脯处的胸骨压平，将盐抹遍鸭。加入各种香料，如桂皮、八角、小茴香、葱、姜等，上笼蒸约3小时后取出，晾干。

②油锅置旺火上，将鸭子放入锅内，炸后拿起。

③在鸭皮上抹些黄酒和酱油，再放入锅内炸至金色。食用时，可蘸甜面酱、番茄酱。

【制作要点】

①光鸭要从腋下开口，不宜太大，5厘米左右即可。

②鸭子要蒸至熟烂，炸制油温要高。

【成品特点】鸭皮金黄，口感酥香脆。

蛋 松

【用料规格】鸡蛋250克，盐1.5克，黄酒5克，味精1.5克，油等适量。

【工艺流程】调匀→加热→成形

【制作方法】

①鸡蛋中加入盐、黄酒、味精，打匀。

②锅中加油烧至四成热，手握细眼筛子对准油锅，四面均匀地淋入打匀的鸡蛋液，使之逐渐淋入油中受热成丝并浮起时，用筷子将其翻过来，略松一下捞出，放在小箩中尽量压干油分。

③用干净的吸油纸放入压干的蛋丝，卷起，轻轻地推搓，纸潮即换纸，反复3～4次，使蛋丝成为干而膨松的蛋松即可。

【制作要点】

①鸡蛋液入油锅时，一定要使油面呈旋涡状，以便蛋丝拉细。

②正确掌握油温和时间，以防蛋松无丝和焦枯。

③一定要沥尽油分，使蛋松干而蓬松。

【成品特点】色泽金黄，丝丝分明，蓬松柔软，鲜香入味。

炸猪排

【用料规格】猪夹心肉500克，生姜10克，淀粉15克，食用油500克（实耗30克），酱油10克，料酒10克，盐5克，白糖5克，水等适量。

【工艺流程】初加工→腌制→炸制

【制作方法】

①将猪夹心肉洗净，用刀背拍松，生姜洗净切末。

②将酱油、盐、生姜、料酒、白糖、淀粉、水等拌匀，放入猪排腌至入味。

③锅内放油，烧至七成热，将猪排炸至金黄，捞起剁块即可。

【制作要点】

①肉片浸渍时间要充分。

②正确掌握油温和炸制时间，以免变老影响口感。

【成品特点】焦香诱人，滑嫩可口。

松炸鲜蘑

【用料规格】鲜蘑菇200克，鸡蛋150克，色拉油500克，盐1克，味精0.5克，面粉100克，淀粉50克，泡打粉5克，水等适量。

【工艺流程】初加工→腌制→炸制

【制作方法】

①将鲜蘑菇去蒂、去杂质，洗净后放入沸水中焯一下，捞出，控干水分，放入碗中，加盐、味精腌10分钟。

②用筷子将鸡蛋抽打成糊，加淀粉搅拌均匀。

③在净锅中倒入色拉油，烧至三成热，把鲜蘑菇滚上一层面粉，再将蛋糊放入油锅内炸透，捞出控油码在盘内即可。

【制作要点】鲜蘑菇焯水后要酌加少量漂白粉漂水，否则鲜蘑菇呈褐色。

【成品特点】色泽淡黄，外松脆，里鲜嫩。

炸仔盖

【用料规格】猪臀尖肥肉400克，鸡蛋100克，粳米粉150克，面粉50克，花椒盐1克，黄酒10克，酱油15克，味精1克，麻油10克，花生油1 000克，水等适量。

【工艺流程】初加工→挂糊→炸制

【制作方法】

①将猪臀尖肥肉洗净，放入汤锅内煮熟，捞起冷却，切成7厘米长、3厘米宽、1.5厘米厚的片，放在碗内，加黄酒、酱油、味精搅匀浸渍。将鸡蛋打入碗内搅匀，加粳米粉、面

粉、水适量调成鸡蛋糊待用。

②锅上火，放入花生油，烧至七成热时，将肉逐片挂糊，入锅炸至金黄色，捞起摘去糊须。复炸一次后，用漏勺捞起沥油，改刀装盘，淋入麻油、撒上花椒盐即可。

【制作要点】

①肉片要用黄酒、酱油、味精等拌匀，使其入味。

②肉片挂糊后，要油炸两次，使其壳脆肉嫩。

【成品特点】色泽金黄，外壳酥脆，猪肉鲜嫩，油而不腻。

卷筒肉

【用料规格】猪肉200克，猪网油100克，鸡蛋50克，粳米粉150克，湿淀粉25克，葱10克，花椒2克，花椒盐2克，盐1克，黄酒10克，味精1克，麻油30克，花生油500克，水等适量。

【工艺流程】初加工→制馅→制坯→炸制

【制作方法】

①将葱和花椒剁成细末加盐制成葱椒盐。将猪肉切成蓉，与葱椒盐一同放入碗内，加盐、黄酒、味精、湿淀粉、麻油和少量的水搅拌成馅。将鸡蛋打入碗内，加入粳米粉和湿淀粉搅成鸡蛋糊待用。

②先将猪网油洗净，切成20厘米见方的块。在每块网油的一端，将肉馅摊成1.5厘米粗的馅条，在没有摊肉的网油上抹上少许鸡蛋糊。然后将其卷成直径4.5厘米、长20厘米的卷，上笼蒸10分钟左右取出晾凉，再将每卷从中间切成两段，成卷筒肉生坯。

③炒锅上火，舀入花生油烧至六成热。将卷筒肉生坯挂上一层鸡蛋糊，逐段放入炸约1分钟，呈金黄色时捞出。待花生油烧至八成热时再放入炸透，用漏勺捞起沥油，切成4厘米长的段，排列在盘中，撒上花椒盐即可。

【制作要点】

①卷筒肉要粗细均匀，炸制油温要控制适当。

②猪网油在初加工时要洗净，浸渍去异味，晾干水分。

【成品特点】色泽金黄，外脆里嫩，鲜香适口，肥而不腻。

椒盐藕夹

【用料规格】莲藕250克，香葱1棵，花椒20克，食用油300克，猪肉泥150克，白胡椒粉、白糖、盐、生抽、料酒等适量，面粉60克，生粉30克，泡打粉4克。

【工艺流程】初加工→制坯→炸制→装盘

【制作方法】

①将莲藕洗净，用削皮刀刨去表皮，切掉藕节后从一端开始每间隔0.5厘米切入一刀，第一刀切至3/4处，第二刀切断，如此重复，将藕切成夹刀片。

②先将香葱洗净切末，放入猪绞肉中，加入料酒、白糖、白胡椒粉、生抽等搅拌均匀，然后逐次加入少许水，并按一个方向不停搅拌，直到水分完全吸收，最后调入1/2茶匙盐。

③将面粉、生粉、泡打粉放入碗中，加入冰水搅成浓稠的糊状。将筷子放入糊中再提起时，面糊应呈细线状流下。将夹刀片藕片轻轻分开，在两片藕片中间加入适量馅心，轻轻压一下藕片，制成生坯。

④中火加热炒锅中的油至六成热，逐个在生坯上均匀地裹上一层脆皮糊，迅速放入油中炸至金黄。将花椒放入一个干净炒锅，用小火一边加热一边翻炒，直至微焦并散发香气。放在案板上用擀面杖擀压成碎末，放入碗中加入剩余的盐拌匀，与藕夹同时上桌。

【制作要点】

①刀工处理要精细。

②炸制温度要控制好。

【成品特点】色泽金黄，口味咸鲜。

卷筒鸡

【用料规格】鸡胸脯肉300克，鸡蛋8个，韭菜12棵，虾仁80克，熟豆油500克（实耗80克），味精5克，盐4克，五香粉5克，淀粉80克，水等适量。

【工艺流程】初加工→制坯→炸制→装盘

【制作方法】

①将鸡胸脯肉切丝，虾仁制成菱状，加鸡蛋（2个）清、味精、盐、五香粉、淀粉等制成馅待用。

②将其余鸡蛋制作成6张蛋皮。

③将蛋皮从中间切开，裹上调好的馅放入1棵韭菜卷成卷，共做成12个卷。将余下的鸡蛋搅散，加少许淀粉制成糊。

④锅上火，加油烧至七成热，将鸡蛋卷挂匀糊下勺炸熟后，改刀装盘并点缀。

【制作要点】

①蛋皮厚度要一致。

②炸制油温要控制好。

【成品特点】色泽金黄，外焦里嫩，酥香适口。

酥炸鱼块

【用料规格】鲜鱼肉200克，脆浆粉适量，葱10克，姜10克，八角、盐、白糖、料理米酒等适量。

【工艺流程】初加工→腌制→炸制

【制作方法】

①鲜鱼肉洗净，沥干水分后切条状备用。

②先将所有腌料混合拌匀，再将鱼条放入腌约8分钟备用。

③将鱼条均匀地蘸上脆浆粉备用。

④将锅烧热后，放入油烧热至约110 ℃时，将鱼条放入锅中油炸至金黄色即可。

【制作要点】

①腌制时间要充分。

②炸制温度要控制。

【成品特点】色泽金黄，口味咸鲜。

香炸肉排

【用料规格】猪里脊肉300克，鸡蛋50克，小麦面粉50克，面包屑150克，料酒5克，葱汁8克，姜汁7克，花椒2克，盐3克，味精2克，五香粉1克，胡椒粉1克，猪油（炼制）100克，清水等适量。

【工艺流程】初加工→拍粉→炸制→装盘

【制作方法】

①先将猪里脊肉片成0.8厘米厚的菱形片，在两面轻轻剞上花刀。放容器内用料酒、葱汁、姜汁、花椒、盐、味精、五香粉、胡椒粉等腌渍入味。将鸡蛋打散。

②先将面粉、面包渣分别放在平盘内，然后将入味的肉片粘匀干面粉，拖匀鸡蛋液，再拍匀面包渣，按实。

③下入五成熟油中炸成金黄色捞出。改刀成条，整齐摆入盘内即成。

【制作要点】

①肉片厚度要适中。

②炸制火候要把握好。

【成品特点】色泽金黄，外焦里嫩。

炸春卷

【用料规格】春卷皮15张，春卷馅150克，面粉25克，花生油500克（约耗40克），清水等适量。

【工艺流程】制坯→炸制→装盘

【制作方法】

①将面粉放入碗中，加清水等调成糊。

②将春卷馅分成15份，分别放入春卷皮中，四面包起，制作成长6厘米、宽2厘米的长条，在收口处抹上面粉糊粘牢，即成生春卷。

③在炒锅中加入花生油，烧至六成热，下入生春卷，炸至金黄色时捞出，控净油，码入盘中即成。

【制作要点】

①春卷要用面粉糊粘牢。

②炸制火候要把握好。

【成品特点】色泽金黄，外焦里嫩。

炸丸子

【用料规格】肥瘦猪肉末250克，黄酱少许，酱油1克，葱末、姜末各2克，鸡蛋（1个）清，水淀粉100克，盐2克，料酒10克，清油500克（实耗约50克），花椒等适量。

【工艺流程】制坯→炸制→复炸→装盘

【制作方法】

①在猪肉末中加入葱姜末、料酒、鸡蛋清、盐、酱油、黄酱、水淀粉等顺时针搅拌均匀。

②将花椒制成椒盐。

③油放锅中烧至六成热，将肉馅挤成个头均匀的小丸子，入锅炸至金黄色捞出。

④用勺将丸子拍松，再入锅炸，反复炸几次，至焦脆捞出装盘。上桌时，随带椒盐味碟蘸食。

【制作要点】

①肉泥搅拌一定要上劲。

②炸制火候要把握好。

【成品特点】外焦里嫩，干香适口。

 课后思考题

1. 炸的种类有哪些？

2. 炸的特点有哪些？

3. 选择3款炸类菜肴实训操作，并从中总结出炸的技术难点。

任务2　熘类菜肴

3.2.1　熘的概念

熘是根据原料的性质和熘菜的不同要求，选用相应的加热介质和方法使原料成熟，再淋浇上或裹上较多卤汁的烹调方法。常用的熘菜的成熟方法有：油炸、汽蒸、水氽、划油等。

3.2.2　熘的种类

常见的熘菜味型有：酸甜、甜酸、咸辣、咸鲜等复合味型。熘菜的卤汁较宽，味较浓厚。

根据成品质感和传热介质及成熟方法的不同，熘可以分为炸熘、软熘和滑熘。

1) 炸熘

炸熘也称脆熘或焦熘，是将加工成形的原料先用调味品浸渍入味，再挂上糊，在热油锅中炸至外表金黄、脆酥时捞出，裹上或淋浇上浓厚卤汁的烹调方法。

成菜特点：外香脆酥松，内鲜嫩熟软。

适用对象：鱼虾、牛肉、羊肉、猪肉、鸡鸭、鹅、鹌鹑、鸽子、兔、土豆、茄子等。

2) 软熘

软熘也称蒸煮熘，是将加工后的原料用汽蒸、水煮、水氽等方法成熟，再浇上卤汁的烹调方法。成菜质地非常软嫩，多用于鱼类原料的烹制。

成菜特点：具有异常滑嫩、清香的特点。

适用对象：鱼虾、鸡脯肉、兔肉、猪里脊肉、豆腐等。

3) 滑熘

滑熘以油为传热介质。原料上浆后放入四至六成油温中划油成熟，再放入调制好的卤汁中熘制的烹调方法。滑溜的原料多为无骨原料，加工形状多为片、丝、丁、条块等。滑熘菜的口味比较广泛，常见的有咸甜、咸鲜、咸辣、酸甜或多种味感的复合味型。滑熘的卤汁比脆熘、软熘要少得多，一般为卤汁紧裹原料，比滑炒类菜肴的卤汁要多一些，也略厚一些。

3.2.3　熘的特点

熘是将加工、切配的原料用调料腌入味，经油、水或蒸汽加热成熟后，再将调制的卤汁浇淋于烹饪原料上或将烹饪原料投入卤汁中翻拌成菜的一种烹调方法。

工艺流程：原料→刀工（切配、剞刀）→腌制（一次入味）→上浆、挂糊拍粉（着衣）→滑油、蒸、氽水（热处理）→浇淋或入原料裹包汤汁（净锅上火）→调味（二次入味→勾芡）→围边→上桌

3.2.4　熘的分类

1) 按色泽分类

根据色泽的不同，熘可以分为白熘、红熘和黄熘。

①白熘。盐、白汤、味精、白醋。

②红熘。生抽、红糟、茄汁。

③黄熘。果汁、橙汁、吉士粉、汾酒。

2）按口味分类

根据口味的不同，可分为果汁味、醋香型、鱼香型、咸香型、糟香型、糖醋味、荔枝型、茄汁味和甜香型。

3）按勾芡技法分类

根据勾芡技法的不同，可分为对汁法、浇汁法和卧汁法。

4）按芡汁分类

根据芡汁的不同，分为包芡熘、糊芡熘和流芡熘。

①包芡熘。也称抱芡、抱汁芡、吸汁、立芡，是指菜肴的汤汁较少，勾芡后大部分甚至全部黏附于菜肴原料表面的一种厚芡。

②糊芡熘。是指菜肴汤汁较多，勾芡后成糊状厚芡的一种熘法。

③流芡熘。又称奶油芡、琉璃芡，是薄芡的一种。

5）按技法分类

根据技法的不同，可分为糟熘、焦熘、软熘、滑熘、水熘、糖熘和醋熘。

①糟熘。将质地软嫩的主料经改刀处理、腌制、上浆，经滑油或焯水的方法加热至成熟。然后及时将糟香卤汁加热勾芡增稠，再与制好的主料翻拌在一起。或将芡汁浇淋在成熟的原料上面成菜的方法。如酒糟黄鱼片、糟熘三白、糟熘鱼卷。

②焦熘。又称炸熘、脆熘，是先将主料改刀处理，放调料腌制入味，拍粉、挂糊、过油炸至酥脆，将兑好的芡汁入锅，投入炸好的主料翻拌均匀或直接将芡汁浇淋在原料上熘制成菜的方法。如糖醋黄河鲤、茄汁瓜条、锅包肉、焦熘丸子。工艺流程：选料→切配→挂糊→炸制→熘汁→装盘。

③软熘。将质地软嫩的原料经过汽蒸或焯水的方法加热，制熟然后及时将卤汁增稠，主料再与制好的芡汁熘制成菜的一种烹调方法。如西湖醋鱼、五柳鱼、熘鸡脯。工艺流程：选料→切配加工→煮或蒸→熘汁→装盘。

④滑熘。由滑炒而来，是烹调原料中主料经改刀处理、腌制、上冻用温油划散制热处理后，再用调味的芡汁熘制成菜的一种烹调方法。如熘肝尖、熘鱼片、滑熘鸡片。工艺流程：选料→切配→稍腌→上浆→过油→熘汁→装盘。

⑤水熘。一般使用动物性原料。原料改刀腌制后，用鸡蛋清、淀粉一浆放入沸水沸汤中滑开，入勺烹入对好的芡汁淋明油出勺。如水熘里脊、水熘鱼、水熘风片。

⑥糖熘。是注重甜味比例的一种烹调方法，与焦熘、软熘、滑熘相同。如蜜汁山药、吊地瓜。

⑦醋熘。在制作过程中，调料中酸味比例稍大，口味偏酸的烹调方法。做法与焦熘、软熘、滑熘接近。如醋熘白菜、醋熘土豆丝、醋熘肝尖。熘的味型：鲜咸、酸甜、麻辣、酸辣、咸甜、微酸（醋酸）、糟香（糟熘）、鱼香、酱香。熘汁调味法有以下几种：

第一，烧汁熘。将制好的卤汁浇在预制成熟的原料上，使原料吸收滋味并能保持原有的质感。

第二，淋汁熘。将预制七八成熟的原料放入锅内一边加热，一边淋入芡汁，使原料熟透在芡汁黏稠包住原料时出锅。

第三，卧汁熘。在预热原料的同时，把芡汁放入另一个锅内加热，原料成熟时芡汁也调制浓稠，再把原料放入芡汁锅内颠翻几下，挂汁均匀出勺。

3.2.5　熘的技术要领

①油要干净，烹制时，油量较多但油温不宜高。

②一般不选用有色调味品，醋熘鸡除外。

③选用鸡蛋清、淀粉上浆，对调味芡汁中的鲜汤比滑炒的约多点，成菜带汁亮油。

④原料剞花刀的刀距和深度要一致。

⑤动物原料要先码味，挂糊或拍粉厚薄要均匀。

⑥掌握好油温火候及调味芡汁中淀粉的使用量。

3.2.6　熘的制作实例

醋熘鳜鱼

【用料规格】鳜鱼1条（约1 000克），韭黄100克，小葱10克，大蒜20克，醋75克，白糖200克，香油50克，姜10克，料酒50克，酱油75克，淀粉200克，花生油300克，清水等适量。

【工艺流程】初加工→鱼身剞花刀→入油锅炸制成熟→复炸→淋汁

【制作方法】

①将大蒜去蒜衣，洗净。将韭黄择洗干净，切段。将小葱去根须，洗净，切段。将姜洗净，切片。将鳜鱼去鳞、鳃、鳍，剖腹，去内脏洗净。在鱼身的两面剞成牡丹花刀，用线扎紧鱼嘴。用刀将鱼头、鱼身拍松。

②将锅置旺火上，舀入花生油，烧至五成热。将鱼在水淀粉中均匀地挂上一层糊，一手提鱼尾，一手抓住鱼头，轻轻地将鱼放入油锅内，初炸至呈淡黄色捞起。解去鱼嘴上的扎线，稍凉后再将鱼放入七成热的油锅内炸至金黄色捞出。

③稍凉后，再放入八成热的油锅内炸至焦黄色，待鱼身浮上油面，捞出装盘，用干净的布将鱼按松。在第二次复炸鱼的同时，另取一只炒锅上火，舀入花生油烧热，放入葱、姜炸香，加酱油、料酒、白糖和清水等，同烧。待烧沸后，用水淀粉勾芡，再淋入香油、醋、韭黄段、熟花生油，制成糖醋卤汁。

④在制卤的同时，另取炒锅上火，烧至锅底灼热时，舀入熟花生油，及时将另一只锅内的卤汁倒入。将鱼和卤汁快速端到席面，趁热将卤汁浇在鱼身上。

【制作要点】

①应选用1 000克左右的鳜鱼。

②剞牡丹花刀时，刀距为2.4厘米，深至鱼骨刀刃再沿鱼骨向前平劈1.5厘米。

③做此菜要明确程序，先后3次油炸，每次油温不同，每炸一次需要"醒"一次。其关键在于3只炒锅运用得当，即鱼炸好后，汁也要做好浇上，否则发不出"吱吱"的响声。

【成品特点】外皮酥脆，肉质松嫩，色泽酱红，甜酸适口。

松鼠鱼

【用料规格】鳜鱼1条（约850克），蜜樱桃2个，醋100克，干淀粉100克，白糖125克，蒜5克，葱、姜各3克，色拉油1 500克（实耗80克），盐、绍酒、胡椒粉、番茄酱、湿淀粉等适量。

【工艺流程】鳜鱼初加工→鱼身剞花刀→入油锅炸制成熟→复炸→淋汁

【制作方法】

①先将鱼宰杀后，冲洗干净，斩下鱼头，然后从鱼背下刀，剔出骨刺（鱼尾与两片鱼身相连），皮朝下平放在菜墩上，剞0.3厘米左右的十字花刀（斜度应视鱼肉厚度而定），鱼头用刀修好形，由鳃下剖开（头背相连），用清水冲洗干净，沥干水分，加盐、绍酒、胡椒粉等腌5分钟。将姜、葱、蒜均切碎，将盐、绍酒、白糖、醋、番茄酱、湿淀粉、葱、姜米等放同一碗内，加入适量鲜汤，兑成糖醋芡汁。

②将净锅置火上，加入色拉油，烧至七成热，将腌好的鱼和鱼头拍上干粉，整好形，下入油锅，炸至定型捞出。待油温升至八成热时炸至外皮酥脆、熟透捞出，放入条盘，整好形，将两个樱桃嵌在鱼眼里。

③原炒锅留少许热油，倒入糖醋芡汁，用手勺搅动，见汁浓稠起鱼眼泡时，撒上蒜米，浇入热油，将汁烘起，浇在鱼上立即上桌。

【制作要点】

①除鱼骨时不能伤肉，肉上不能带刺。

②改刀要均匀，不能改断鱼皮。

③拍粉后停放时间不宜过长，应立即用油炸，否则干淀粉受潮后易使改成的刀纹粘连在一起，影响形状。

④糖醋芡汁3种味要融合，稀稠要适中。

【成品特点】色泽金黄，形似松鼠，外脆里嫩，酥松酸甜，香味浓郁。

熘皮蛋

【用料规格】皮蛋4个，蒜黄100克，鸡蛋清50克，酱油10克，醋10克，白糖5克，淀粉10克，大葱5克，姜汁3克，青蒜5克，香油50克，水等适量。

【工艺流程】皮蛋→蘸裹面粉→挂蛋糊→放入油锅炸制定型→调汁→勾芡翻炒

【制作方法】

①将皮蛋剥去外皮，擦去皮壳上的小渣，勿用水洗。将大葱、青蒜切成末，将蒜黄择洗干净切成寸段。分别将每个皮蛋切成龙船块，放面粉中滚一下，置碗中。取淀粉，加适量的水调成糊状，加入搅打好的蛋清糊，搅匀。

②锅置火上，放入香油，烧至四成热，将皮蛋逐瓣蘸裹上蛋糊中拖过，放入锅中。同时缓慢推炒，以免粘连，将其炸成焦黄色，捞出后沥去油。

③炒锅内留少许油，放入姜汁、葱末略煸炒，再加入清水、酱油烧开。用湿淀粉勾芡，放入蒜黄和炸好的皮蛋翻炒几下，淋上香油、醋，撒青蒜末颠锅装盘即可。

【制作要点】

①皮蛋挂糊要均匀，否则会失去挂糊的目的。

②皮蛋块油炸后要去糊须，整理清爽，否则影响美观。

【成品特点】色泽酱红，甜酸味美，造型美观。

熘仔鸡

【用料规格】鸡（约750克），辣椒（青、尖）25克，大蒜25克，酱油50克，醋30克，白糖35克，熟色拉油60克，淀粉30克，水等适量。

【工艺流程】初加工→置于煸好的汤汁中烧制→辅料调味勾芡→浇汁→淋热油

【制作方法】

①先将鸡宰杀后去毛，去除内脏、食管和气管，留下胗、肝，洗净，剔去大骨，切成3厘米见方的块，将胗和肝切成小块。取酱油、湿淀粉与鸡块、胗、肝拌和。将青椒切成片，将蒜瓣拍碎。

②取酱油、醋、白糖、湿淀粉（淀粉加水）调成卤汁。

③炒锅置旺火上，倒入熟色拉油，烧至七成热时，将鸡块、胗、肝下锅炸至呈金黄色时捞出。待油烧至八成热时，再下锅复炸至呈金黄色，倒入漏勺沥去油。

④在原锅余油中放入蒜瓣、辣椒（青、尖）等炒至有香味。倒入卤汁烧开，再将鸡块、胗、肝放入，将炒锅颠翻，浇上熟色拉油即成。

【制作要点】

①应选用当年的嫩仔公鸡，否则影响鲜嫩的效果。

②鸡肉去骨后，要用刀排斩。

③鸡丁在滑油时要掌握好油温，保持鸡丁鲜嫩。

【成品特点】色泽淡黄，鸡肉鲜嫩，鲜甜略带醋香。

茄汁鱼花

【用料规格】鱼脯肉600克，芫荽25克，葱丝20克，泡辣椒丝15克，姜丝5克，蛋黄末5克，番茄酱30克，白糖20克，柠檬酸等适量，鲜汤125克，水淀粉15克，芝麻油5克，料酒15克，姜葱汁3克，干淀粉200克，色拉油1 000克（实耗125克）。

【工艺流程】

辅料丝　茄汁味汁
　↓　　　　↓
鱼脯肉→刀工处理→着味拍粉→炸→装盘→浇汁成菜

【制作方法】

①将芫荽洗净，将泡辣椒丝、葱丝分别漂在清水中。将鱼脯肉皮面朝下，用刀剞成每根长3厘米、粗为0.5厘米（也是刀距尺度）的花纹，再切成边长为4～5厘米的方块，加入盐、料酒、姜葱汁等拌匀，着味15分钟。

②将锅置旺火上，放油烧至七成热，将鱼的花纹处拍上干淀粉，炸至成菊花形，并且外面已酥成金黄色时，捞出装在盘中，周围镶上芫荽、葱丝、泡辣椒丝、姜丝等。

③锅内留油100克，放入番茄酱炒至油呈红色，加入鲜汤、白糖、柠檬酸、水淀粉、芝麻油收汁，待亮油时浇淋在鱼花上，在花心中点入蛋黄末即成。

【制作要点】

①选用的鱼脯肉要厚、新鲜、无血污、无异味。

②剞刀时，如鱼脯肉薄可斜刀剞成斜丝。

③炸时应用大漏勺垫着，在高油温中进行，动作应少而准，轻而稳。

【成品特点】色红形如菊花，味甜酸可口。

糖醋里脊

【用料规格】猪里脊肉400克，盐4克，酱油10克，醋50克，白糖200克，葱5克，姜5克，蒜10克，鸡蛋150克，淀粉80克，面粉20克，味精2克，花生油150克，汤等适量。

【工艺流程】猪里脊肉→刀工处理→腌制→调糊→裹上全蛋糊→炸制→翻炒打入芡汁→装盘

【制作方法】

①将里脊肉剔去筋膜，切成2厘米×3厘米的大片，放入碗中，用盐、味精码味，葱姜切末、蒜拍散切小丁。将鸡蛋打入碗中，调打均匀，放入面粉、湿淀粉，调为全蛋糊。用大碗将白糖、盐、酱油、醋、汤、湿淀粉调兑均匀。

②炒锅置旺火上，加入花生油，烧至六成热时，将猪里脊肉在全蛋糊中挂匀后逐片下油锅中炸至金黄色时捞出滤干油。

③在热锅内留适量油，下葱、姜、蒜煸炒出香味后，将大碗中的汁水倒入，锅中沸涨、起小花时用手勺推动，随后倒入炸制的里脊肉，翻颠炒锅，淋入明油，即可装盘、上桌。

【制作要点】

①焦熘菜肴，主料上糊可以用全蛋糊，也可以用水粉糊，视不同情况而定，但要保持外焦里嫩。

②汁水入锅前要再次调匀，加热后要及时食用。

③焦熘菜的味型有咸鲜、酸辣等。

【成品特点】以甜酸为主，质地外脆里嫩。

熘刀鱼

【用料规格】刀鱼350克，鸡蛋2个，粳米粉75克，面粉75克，黄酒40克，盐2克，葱花、姜末各5克，蒜泥5克，酱油10克，白糖100克，醋30克，湿淀粉30克，麻油30克，花生油1 000克（实耗100克），清水等适量。

【工艺流程】初加工→翻炒主、辅料→倒入芡汁→装盘

【制作过程】

①将刀鱼去鳞、鳃，将筷子从鳃口伸入鱼肚绞去内脏，洗净，切去头、尾，鱼身两面剞刀后切成斜刀块，放入碗内，加精盐、黄酒，浸渍20分钟待用。将鸡蛋打入碗内，加粳米粉、面粉和适量的清水搅拌成全蛋糊，取出鱼块揩干水分，放入蛋糊中拌匀待用。

②炒锅上火，舀入花生油，烧至七成热时，将鱼块逐块挂糊后放入油锅炸透捞起，抽取鱼脊骨，待油烧至八成热时，倒入鱼块复炸，呈金黄色时倒入漏勺沥油。锅内留少许油上火，放葱花、姜末、蒜泥等炸出香味，加酱油、白糖、清水烧沸，用湿淀粉勾芡，淋醋、麻油，倒入鱼块颠锅，使鱼块均匀沾上卤汁后出锅装盘。

【制作要点】

①刀鱼加工不剖腹，从鳃口挖去内脏，否则影响成形和美观。

②第一次油炸后，要抽去刀鱼的脊骨，否则影响口感。

【成品特点】色泽棕黄光润，刀鱼鲜嫩，外酥里香，卤汁酸甜。

熘瓦鱼块

【用料规格】青鱼1 000克，水发香菇50克，鲜笋50克，红椒30克，韭黄30克，酱油5克，白糖150克，醋50克，葱姜汁30克，黄酒40克，葱丝、姜丝各5克，湿淀粉100克，麻油30克，花生油1 000克（实耗150克），盐、清水等适量。

【工艺流程】初加工→翻炒主、辅料→倒入芡汁→装盘

【制作过程】

①将青鱼去鳞、鳃，剖腹去内脏，洗净沥干，斩去头尾后剖成两片。将鱼肉用斜刀片成6厘米长、3厘米宽、0.6厘米厚的鱼块，用盐、黄酒、葱姜汁略腌。将水发香菇、鲜笋、红椒分别切成丝待用。

②炒锅上火，舀入花生油，烧至七成热时，将鱼块挂上淀粉糊，放入锅中炸至淡金黄色捞起。待油升至八成热时，将鱼块复炸至金黄色，捞出沥油待用。同时另用一只炒锅上火、烧热，倒入少许油，放入香菇丝、笋丝、红椒丝、葱丝、姜丝等略煸，舀入清水，加酱油、白糖、黄酒烧沸，用湿淀粉勾芡，加入韭黄，淋醋、麻油，然后倒入从油锅中捞出的鱼块，颠锅翻炒后装盘。

【制作要点】

①切成的鱼块要求大小一致，鱼块挂淀粉糊要均匀，防止鱼肉炸枯。

②炸鱼块与调卤汁同时进行，紧密配合。

【成品特点】色泽光润，鱼块香酥，卤汁酸甜，形似瓦块。

熘筒头

【用料规格】熟猪直肠400克，葱花5克，姜末5克，酱油15克，白糖60克，醋40克，黄酒20克，湿淀粉60克，大蒜泥5克，麻油40克，花生油1 000克（实耗100克），清水等适量。

【工艺流程】初加工→翻炒主、辅料→倒入芡汁→装盘

【制作过程】

①将熟猪直肠改刀成约3厘米长的斜形小段。

②炒锅上火，舀入花生油，油烧至八成热时离火，将直肠挂上湿淀粉，用筷子逐个夹住直肠段下油锅炸后，移小火养透。另用炒锅上火烧热，舀入花生油，放入葱花、姜末、蒜泥煸香，加黄酒、清水（少许），放酱油、白糖，用湿淀粉勾芡成卤汁，离火待用。从油锅里捞出直肠段，放入八成热的油锅中复炸，捞出沥油。卤汁锅上旺火，倒入直肠段，淋入醋、麻油颠翻后装盘。

【制作要点】

①直肠挂糊要均匀，糊不宜太厚。

②油炸猪直肠时要炸透，使之香脆酥透，并注意不要炸枯，以免影响口感。

【成品特点】色泽金黄，外香脆，里酥透，酸甜可口。

蛤蜊鱼

【用料规格】青鱼中段300克，虾仁100克，生肥膘肉50克，鸡蛋（2个）清，番茄酱35克，白糖40克，盐2克，黄酒15克，葱花、姜末各5克，葱姜酒汁10克，醋15克，味精1克，麻油5克，色拉油500克（实耗75克），湿淀粉等适量。

【工艺流程】初加工→翻炒主、辅料→倒入对芡汁→装盘

【制作过程】

①将青鱼中段软边用刀剔去腹刺，切成一刀断、一刀连的鱼片。将切好的鱼片用葱姜酒汁、盐浸渍入味待用。

②将虾仁、肥膘肉分别切蓉，放入碗中，加黄酒、葱姜酒汁、鸡蛋（1个）清、精盐、湿淀粉等搅拌成虾馅待用。将其余鸡蛋清加湿淀粉调成蛋清糊待用。

③把浸渍好的鱼片摊在盘中，鱼片朝上抹一层蛋清糊，将虾馅挤成虾丸放在鱼片中间，合上鱼片修成半月形，即成蛤蜊鱼生坯，放入留有底油的盘内。

④炒锅上火，舀入色拉油烧至四成热时，将蛤蜊鱼生坯放入，养透，呈白色捞起沥油。将炒锅复上火，舀入少许油，倒入葱、姜炸香，放入黄酒、番茄酱、白糖等，用湿淀粉勾芡，倒入蛤蜊鱼轻翻几下，淋醋、麻油后起锅装盘。

【制作要点】

①选料要新鲜，鱼片包裹时馅不可过量，用浆粘口时要附着均匀。

②油温不宜过高，最好先用手勺将热油浇入盘内，以便定型，避免开口脱馅。

③勾芡要均匀，现做现食最好。

【成品特点】形似蛤蜊，软嫩鲜美。

熘象牙鸡

【用料规格】鸡脯肉175克，冬笋175克，鸡蛋（2个）清，盐2克，白糖40克，白醋20克，黄酒10克，湿淀粉10克，葱末5克，姜末5克，鸡清汤100克，麻油5克，色拉油等适量。

【工艺流程】初加工→翻炒主、辅料→倒入对芡汁→装盘

【制作过程】

①将鸡脯肉片成6厘米长的片，用鸡蛋清、盐、湿淀粉搅匀上浆，冬笋焯水后改刀成4厘米长、0.5厘米见方的条，把笋条卷在浆好的鸡片中间，鸡片接头处用湿淀粉粘牢，笋条两端稍露。逐个卷好后放在抹油的盘内成象牙鸡生坯。

②炒锅上火烧热，舀入色拉油，烧至五成热时，倒入象牙鸡生坯滑油，呈白色时倒入漏勺沥油。炒锅留少许油上火，放入葱末、姜末略炸，加鸡清汤、黄酒、盐、白糖烧沸，用湿淀粉勾芡，加入色拉油，倒入象牙鸡颠翻几下，淋入白醋、麻油后起锅装盘。

【制作要点】

①鸡片卷在笋条上，在接头处要粘牢，防止滑油时散脱变形。

②象牙鸡滑油时油温不宜过高，色变时可离火出锅，才能保持鲜嫩。

【成品特点】笋色白如象牙，鸡肉鲜嫩，甜酸适口。

熘桃仁鸡

【用料规格】生鸡脯肉150克，核桃仁100克，熟笋片50克，豌豆苗25克，鸡蛋（1个）清，酱油20克，白糖40克，醋25克，葱花5克，姜末5克，黄酒20克，麻油30克，干淀粉25

克，湿淀粉10克，色拉油等适量。

【工艺流程】初加工→翻炒主、辅料→倒入对芡汁→装盘

【制作过程】

①将生鸡脯肉用刀切成柳叶片。核桃仁用沸水剥去皮，放入热油中熘油起脆后捞出，用刀略切碎。鸡蛋清加干淀粉搅成蛋清浆。

②将鸡片铺平，逐片均匀涂上蛋清浆，放上核桃仁（约用去3/4），将鸡片卷成圆筒形，滚上蛋清浆，放入盛有麻油的盘内浸起，成桃仁鸡生坯。

③炒锅上火烧热，舀入色拉油，烧至五成热时，放入桃仁鸡生坯滑油，至变色时倒入漏勺沥油。炒锅复上火，舀入色拉油，放入葱花、姜末、熟笋片、桃仁煸炒，加黄酒、酱油、白糖，用湿淀粉勾芡，倒入桃仁鸡卷，加醋、麻油等颠翻几下后起锅装盘。

【制作要点】

①鸡片不宜片厚，桃仁应紧裹在中间。

②桃仁鸡生坯滑油时炒锅要滑、油温适中，以免粘锅、脱浆。

【成品特点】色泽金黄，外嫩里香酥，味道鲜美。

三丝鱼卷

【用料规格】净草鱼肉250克，水发香菇50克，熟火腿35克，熟笋50克，盐2克，味精1克，绍酒10克，熟猪油10克，葱10克，姜片5克，姜汁5克，干淀粉、湿淀粉等适量。

【工艺流程】初加工→蒸制→调味

【制作方法】

①将草鱼宰杀洗净，沿脊骨片出两片鱼肉，取一片放砧板上，斜刀片成连刀蝴蝶片12片，皮朝上平摊在砧板上，淋上绍酒和姜汁。再逐片拍上干淀粉。把火腿、熟笋、香菇切成比鱼片宽度略长的丝。葱切段，整齐地放在鱼片上，紧紧卷成鱼卷。

②取腰盘1只，抹上一层熟猪油，加几滴水，把鱼卷整齐地排在盘中，上蒸笼用旺火蒸

熟取出，滗去原汁待用。

　　③砂锅置中火上，下熟猪油烧至五成热时，放入葱段、姜片，煸出香味，倒入原汁和清汤烧沸，拣去葱、姜，添加盐、绍酒、味精等，用湿淀粉勾玻璃芡，下入熟猪油推匀，浇在鱼卷上即成。

　　【制作要点】

　　①鱼片大小长短一致，卷好略搁置一会儿再放入油锅。

　　②掌握油温，以免脱浆或散碎。

　　【成品特点】鱼卷整齐，肉质鲜嫩，滑爽利口，醇香馥郁。

酿丝瓜

　　【用料规格】丝瓜200克，瘦猪肉150克，马蹄100克，葱、姜、蒜各5克，鸡蛋100克，淀粉30克，料酒10克，蚝油10克，生抽5克，老抽5克，白糖10克，香醋10克，水等适量。

　　【工艺流程】初加工→酿馅→煎制→煮制

　　【制作方法】

　　①将葱切成葱花，姜蒜切末，马蹄切碎。瘦猪肉里加入鸡蛋、马蹄碎、葱姜蒜末、淀粉、料酒、蚝油、生抽、白糖等顺时针搅拌上劲。将丝瓜洗净晾干，切成4厘米的段，去掉内肉。

　　②将调好的肉馅均匀地放入丝瓜里，锅里加入水，放入加好肉馅的丝瓜大火蒸熟。将生抽、老抽、白糖、水等混合均匀，将勾芡浇在丝瓜上即可。

　　【制作要点】

　　①选用大小合适的嫩丝瓜，剔除筋，否则影响口感。

　　②酿丝瓜蒸制变色即好，时间不宜太长，否则会变色，影响美观。

　　【成品特点】外形完整，丝瓜碧绿。

麻花腰子

【用料规格】猪腰600克，猪肋条肥肉100克，笋片50克，韭黄段25克，鸡蛋清100克，白糖15克，酱油20克，醋5克，麻油50克，干淀粉15克，湿淀粉10克，黄酒30克，熟猪油等适量。

【工艺流程】初加工→制坯→炒制

【制作方法】

①将腰子去皮膜洗净，用刀一劈两半，去掉腰臊，对切成4片，再劈成长5厘米、宽2.5厘米的长方片。将猪肥膘肉劈成同样大小的长方片。将鸡蛋清、干淀粉调制成蛋清浆。

②先将腰片铺在案板上，抹上蛋清浆，再分别盖上肥膘肉的片，用刀尖在正中间划上长口。将腰肉片合起，从长口穿过去，稍拉一下，然后用蛋清浆浆起，逐一放入装有麻油的盘内，即成麻花腰子生坯。

③炒锅上火烧热，舀入熟猪油，烧至四成热时，放入麻花腰子滑油，至变色时，倒入漏勺沥油。炒锅再上火，舀入熟猪油，放入笋片略炒，加黄酒、酱油、白糖等，用湿淀粉勾芡，放入韭黄、麻花腰子翻炒几下，淋上麻油、醋，颠勺起锅，装盘即可。

【制作要点】

①腰片和肥膘片大小厚薄要一致，开口大小要一样。

②麻花腰子生坯翻转要细心，翻转后两头拉一下以利定型。

③滑油时掌握油温，轻轻晃动炒锅，防止脱浆，腰肉分离。

【成品特点】形似麻花，细嫩鲜香，咸甜可口。

茄汁鱼块

【用料规格】草鱼500克，香菜20克，鸡蛋60克，洋葱5克，番茄酱30克，淀粉5克，姜5克，大葱10克，盐5克，料酒5克，白糖5克，花生油30克，味精2克，开水等适量。

【工艺流程】初加工→腌制→炸制→炒制

【制作方法】

①草鱼去尾，去内脏，清洗干净，切成3厘米长的块，放入碗内。鸡蛋取蛋清流入小碗内，打散，加入淀粉拌匀。大葱洗净，切成葱末。鲜姜洗净，一半切片，一半刮皮切成姜末。洋葱洗净，切成细丝。香菜去根洗净，切成寸段。

②将姜片、葱段放在鱼块上，加料酒和盐拌匀，腌一会儿。

③炒锅置火上，烧热，倒入花生油，待油热后，将腌过的鱼块蘸上鸡蛋清、淀粉糊，放热油锅中炸至金黄色捞出。

④将炒锅中的油倒出，只留少许油在锅内。将姜丝、洋葱丝入锅煸炒出香味。将番茄酱倒入同炒，放入盐、白糖和少许开水，用小火炒匀停火，加入味精拌匀后，将炸好的鱼块倒入，炒拌均匀，盛入盘中，晾凉，撒上香菜段即可。

【制作要点】

①草鱼初加工要精细。

②鱼块腌制时间要适当。

③炸制火候要把握好。

【成品特点】色泽红亮，口味酸甜。

糖醋藕丸

【用料规格】莲藕500克，海米50克，肉馅100克，小葱10克，生姜10克，盐3克，料酒10克，香油10克，酱油1克，香醋20克，白糖30克，水淀粉10克，大蒜10克，面粉30克，鸡蛋50克，食用油200克，热水等适量。

【工艺流程】初加工→成形→炸制→烧制

【制作方法】

①将莲藕洗净，刮去外皮，剁碎。将泡好的海米和腌过的肉馅分别加入藕蓉中，制成细腻的馅料。将馅料放入调理盆，加入面粉和鸡蛋，撒上适量的盐，滴上香油，混合拌匀。

②锅中放入食用油，烧至六成热后将馅料制成小丸子，放入油锅中炸成金黄色，捞出沥油。将食用油（底油）、葱碎、姜丝、蒜片、酱油、香醋、白糖、热水调成糖醋汁。放入藕

丸，小火烧上约5分钟。

③大火收汤汁，最后淋入水淀粉勾芡，混合均匀即可。

【制作要点】

①馅料调制口味适中。

②炸制火候要把握好。

③熬汁时间要控制好。

【成品特点】色泽红亮，形状饱满，口味酸甜。

 课后思考题

1. 熘的种类有哪些？

2. 熘的特点有哪些？

3. 选择3款熘类菜肴实训操作，并从中总结熘的技术难点。

任务3 扒类菜肴

3.3.1 扒的概念

扒是指将加工造型的原料以原形放入锅中，加入适量汤水和调料，用中小火加热，待原料熟透入味后勾芡，用大翻勺的技巧盛入盘内，菜形不散不乱，保持原有美观形状的烹调方法。

工艺流程：选料→原料切配成形（或宰杀初处理）→初步熟处理（焯水、过油、汽蒸、走红）→葱姜蒜炝锅后下料→添汤→调味→焖烧→勾芡→淋明油→大翻勺→整理装盘。

3.3.2 扒的分类

①红扒。加入番茄酱、红曲米、糖色等有色原料或调料进行扒制的菜肴。

②白扒。不加入有色调味品和原料进行扒制的菜肴。

③整扒。将整形的原料经改刀后进行扒制的菜肴，如海参、肘子、整鸡、整鸭、鲍鱼等。

④散扒。将散性的原料摆出形状或花样进行扒制的菜肴，如蔬菜、火腿、鸡脯肉、大肠等。

⑤五香扒。在扒制过程中加入五香调味料进行扒制的菜肴。

⑥鱼香扒。是川菜的味型，有小酸、小甜、小辣、微咸、葱姜味浓的特点，用鱼香汁进行扒制的菜肴。

⑦鸡油扒。扒制的菜肴出勺前淋入鸡油。

⑧蚝油扒。以浇汁用蚝油为主要调料。

⑨葱扒。主料中加入大葱或葱油扒制成菜。

⑩奶油扒。是汤汁中加入牛奶、奶油、牛油、奶粉、白糖等进行扒制的菜肴。

⑪酱汁扒。在红扒的基础上加入甜面酱、排骨酱、豆瓣酱、海鲜酱、黄酱等进行扒制的

菜肴。

⑫蒸扒。将加工好的原料加调料上笼蒸制成熟后再进行扒制的菜肴。

⑬炸扒。将原料进行炸制保持其外形完整然后进行扒制的菜肴。

⑭煎扒。将原料加工成形后在锅内煎出形状和颜色。一般是金黄色，再加入调料扒制而成的一种烹调技法。

⑮荤扒。是指动物性原料经过汽蒸、过油、走红的处理，再加入调料扒制而成的一种烹调技法。

⑯素扒。蔬菜类原料经过过油处理，再加入调料扒制而成的一种烹调技法。

3.3.3　扒的技术操作要求

①扒菜油不要太多，要做到"用油不见油"。

②菜肴形状美观，质味醇厚，浓而不腻。

③扒制整形菜肴速度较慢，适合大型宴会和预订菜式。

④讲究汤汁，火候得当，扒菜要勾芡，但是汤汁也有来自芡汁。

⑤扒菜一般用高汤，没有高汤用原汤。

⑥原料多加工成形体较厚的条、片状或直接使用整体形状的原料。

⑦原料必须经过热处理，可采用焯水、过油、走红、汽蒸。

⑧卤汁的浓稠度、口味应及时调整，芡汁明亮，成品菜肴完整。

3.3.4　蔬菜初加工

扒类菜肴不仅适用于动物性原料，而且适用于植物性原料，这里补充介绍蔬菜初加工的基本知识。

蔬菜的品种很多，其供食部位各不相同，有的用叶子，有的用果子，有的用根，有的用茎，有的用皮，也有的用花。因此，蔬菜的初加工必须在初加工原则（蔬菜原则）的前提下，有区别地采用相应的初加工方法（蔬菜加工），以达到整洁卫生、符合烹制菜肴的要求。

蔬菜初加工的一般原则：第一，蔬菜的黄叶、老叶必须清除干净；第二，虫卵杂物必须洗涤干净；第三，蔬菜要先洗后切。

蔬菜初步加工的方法有：

1）叶菜类

叶菜是指以肥嫩的茎叶作为烹调原料的蔬菜，常用的有：大白菜、小白菜、菠菜、芹菜、卷心菜、生菜、韭菜等。其初加工步骤是：摘剔（摘剔）、洗涤（洗涤）。

摘剔。将黄叶、老根、老帮、杂质等不能食用的部分摘掉并且清除所附泥沙。

洗涤。一般用冷水洗涤，也可以根据需要用盐水洗或高锰酸钾溶液洗涤。

（1）冷水洗

冷水洗主要洗去蔬菜上的泥土污物。可先将经过摘剔的蔬菜，放在清水中浸泡一会儿，再反复洗涤干净。

（2）盐水洗

用盐水洗涤蔬菜有特殊作用。它主要用于夏秋季之间的蔬菜，因这时吸附在菜梗、菜叶上的菜虫较多，用冷水往往洗不掉。常将叶菜放入浓度为20%的食盐水中浸泡5分钟，则可以使菜虫足上的卵盘收缩而脱落。

（3）高锰酸钾溶液洗

这种洗法主要用于供凉拌食用的蔬菜。因为凉拌食用的蔬菜不再经过加热处理，为了杀灭叶菜上的病菌，用0.3%高锰酸钾溶液浸泡5分钟，然后再用清水洗净，即可杀死病菌。

此外，有的"洗洁剂"可用于洗涤蔬菜、水果和餐具。在清水中加数滴"洗洁剂"，（7～8）滴/5千克，放入蔬菜浸泡数分钟后，反复用清水洗净，具有去污、除虫和灭菌等作用。

2）根茎类

根茎类蔬菜是指脆嫩变态的根茎为烹调原料的蔬菜。常用的有竹笋、茭白、莴苣、土豆、山药、芋头、葱、姜、蒜等。加工的方法有：刮削整理（刮削）和洗涤（根洗涤）。

①刮削。如竹笋、茭白、莴苣等带壳或皮的原料，要将壳剥去或再用刀将老根和外皮削净。

②根洗涤。莴苣、山药、土豆、芋头等经刮剥去皮之后，用清水洗净即可。由于这些原料本身都含有或多或少的酚类物质，去皮后很容易氧化变色，因此洗涤后应立即浸泡在清水中，用时再取出，以防酶促褐变的发生，如土豆的褐变。

3）花菜类

花菜类是指以花作为烹调原料的蔬菜，常用的有花菜、黄花菜、韭菜花、菊花等。其特点是质嫩且易于消化。加工方法是：将菜花去根和叶洗净；黄花菜去蒂；韭菜花是韭菜苔上花蕊，一般腌后食用；菊花多用白菊，将花瓣摘下洗净即可。

4）瓜果类

瓜果类是指以果实为烹调原料的蔬菜，分为瓜果（瓜果）和茄果（茄果）两类。

①瓜果。包括冬瓜、南瓜、瓠瓜、丝瓜、黄瓜等，加工方法是：刨去外皮，挖去瓜瓤洗涤；嫩的黄瓜只要洗净外皮的泥土即可。

②茄果。包括西红柿、茄子、辣椒等，加工方法一般是：去掉皮、籽、蒂等洗净。

5）豆类

常用的有：青豌豆、毛豆、蚕豆、扁豆、四季豆、豇豆等。加工的方法是：弃去豆荚而食用其豆米的，可剥去外壳，取出豆米，然后放入清水中洗净。荚、豆全部食用的，则须掐去蒂和顶尖，同时撕去边筋，再用清水洗涤干净。

3.3.5 扒的制作实例

葱扒鸭子

【用料规格】嫩鸭1只（约2 000克），京葱150克，葱结50克，姜片50克，绍酒100克，酱油75克，湿淀粉50克，白糖35克，芝麻油10克，味精2.5克，熟猪油、清水等适量。

【工艺流程】初加工→炸制→煮制→调味

【制作方法】

①将鸭宰杀、煺毛、洗净，在尾背上部横切一刀，取出内脏，控去鸭骚，用水冲净，鸭背部用刀尖直划一刀（长约6厘米），放入沸水锅汆约3分钟，取出洗净血污。京葱洗净，对剖开切成5厘米长的段待用。

②炒锅置旺火上烧热，下猪油，把鸭先放入温水锅烫热。用酱油15克涂抹鸭的全身，待油温烧至七成热时，把鸭子入锅炸至金黄色，用漏勺捞出。再取炒锅1只，放入鸭子，加绍酒、白糖、葱结、姜片、酱油、清水等，用旺火煮沸后，将锅移至小火上焖，待鸭酥后捞出，肚朝上放在大腰盘中，拣去锅中的葱、姜，原汁盛起待用。

③锅内下猪油15克，把京葱段入锅煸透，倒入原汁，加味精，用湿淀粉勾薄芡，淋上芝麻油，起锅均匀地浇在鸭身上即成。

【制作要点】鸭子初加工要精细彻底，炸制时间要把握好。

【成品特点】鸭形完整，原汁原味，色泽红亮，鸭肉香酥，葱香微甜。

冰糖扒蹄

【用料规格】猪前蹄1 500克，豌豆苗500克，葱段30克，姜20克，盐5克，酱油25克，清水等适量。

【工艺流程】初加工→调汁→焖制→浇汁→炒配料

【制作方法】

①将猪蹄去骨，刮洗干净，放入开水锅中煮一下，捞出，洗净血污，在肉面用刀划十字花纹，深度为1/3，便于入味，将豆苗择洗干净。

②锅内垫入竹垫子，蹄支朝下，放入葱段、姜片、料酒、酱油、冰糖、清水等，上火烧开，撇去凉味，盖上锅盖，改用小火焖1小时，待汤汁变稠时，加味精，将猪蹄皮朝上扣在盘中，锅内汁用火调浓，浇在蹄皮上。

③另用炒锅，放入底油，把豌豆苗放入煸炒，放盐。将味精调好后围在猪蹄的四周即可。

【制作要点】猪蹄加工要彻底，上火焖制要注意时间。

【成品特点】形状整齐美观，色泽光亮，口味甜中带咸，酥烂入味。

扒烧整猪头

【用料规格】猪头6 500克，酱油250克，冰糖500克，姜50克，八角15克，香菜10克，料酒1 000克，香醋200克，小葱100克，桂皮25克，小茴香10克，清水等适量。

【工艺流程】初加工→煮制→焖制→装盘

【制作方法】

①姜洗净，切片。葱洗净，打成结。香菜择洗干净，消毒，备用。将猪头镊净毛，放入清水中刮洗干净。猪面朝下放在砧板上，在后脑中间劈开，剔去骨头和猪脑，放入清水中浸泡约2小时，漂净血污。

②先将猪头放入沸水锅中煮约20分钟，捞出，放入清水中刮洗，用刀刮净猪睫毛，挖出眼珠，割下猪耳，切下两腮肉，再切去猪嘴，剔除淋巴肉，刮去舌膜。再将眼、耳、腮、舌和头肉一起放入锅内，加满清水，用旺火煮两次，每次煮约20分钟，煮至七熟取出。把桂皮、大料、小茴香放入纱布袋中扎好口，成香料袋。

③锅中用竹算垫底，铺上姜片、葱结，将猪眼、耳、舌、腮、头肉按顺序放入锅内，再加冰糖、酱油、料酒、香醋、香料袋、清水。清水以浸过猪头为度，盖上锅盖，用旺火烧沸后，改用小火焖约2小时，直至汤稠肉烂。将猪舌头放在大圆盘中间，头肉面部朝上盖住舌头，然后将腮肉、猪耳、眼球按猪头的原来部位装好，成整猪头形，浇上原汁，缀上香菜叶即成。

【制作要点】在用刀劈后脑时，注意不能割破舌头和猪面皮。猪耳中有许多毛，要将其镊净再入菜。尤讲火候。

【成品特点】色泽红亮，肥嫩香甜，软糯醇口，油而不腻，香气浓郁，甜中带咸。

三丝扒开乌

【用料规格】水发大乌参1 000克，熟火腿25克，熟笋丝50克，熟鸡脯丝100克，焐油小菜心100克，生鸡腿150克，火腿筒子骨1根，虾籽1克，黄酒50克，酱油25克，葱结30克，姜块20克，鸡清汤900克，精盐1.5克，湿淀粉10克，熟猪油50克，胡椒粉1克，清水等适量。

【工艺流程】初加工→焯水→焖制→调味装盘

【制作方法】

①将海参去肠洗净，划上花刀，炒锅上火，舀入清水。鸡腿与海参分别放入沸水锅中焯水。

②取砂锅1只，内放竹垫，先将大乌参皮向下整齐地排入，再将鸡腿、火腿骨（敲断）放入，加入鸡清汤、姜块、葱结、虾籽、酱油、盐上中火烧沸，撇去浮沫。

③加黄酒、熟猪油，盖上锅盖，移小火焖约1小时，拣去姜、葱、鸡腿、火腿骨，放入火腿丝、笋丝、鸡丝、青菜心。

④烧沸后提起竹垫连同海参等放入大碗中，翻身扣入大盘中，揭去碗垫，将原卤倒入砂锅，上旺火收稠，用湿淀粉勾芡，淋入熟猪油，盛入海参盘中，撒上胡椒粉即可。

【制作要点】

①海参黑膜及内脏中的泥沙一定要去净。

②焖制海参要用小火，辅助调料、配料要齐，才能增味减腥，保证海参醇厚、味美。

③操作过程中不能损坏海参形态，否则影响美观。

【成品特点】明亮整齐，软糯滑润，卤汁醇厚味浓。

蚝油白灵菇

【用料规格】白灵菇300克，蚝油50克，香菜10克，红椒100克，盐、味精、水等适量。

【工艺流程】初加工→炒制→调味→装盘

【制作方法】

①将白灵菇洗净，用刀斜切成大片。

②锅中放少量油，放入白灵菇煸炒，加水、蚝油煮制，再加入红椒烧制收汁。

③最后加香菜、盐、味精等调味即可。

【制作要点】

①煮制火候要把握好。

②白灵菇切片大小要适中。

【成品特点】色泽红亮，口味鲜美。

红扒鲥鱼

【用料规格】鲥鱼750克，葱姜油75克，鸡油15克，酱油、料酒、毛姜水各20克，味精8克，盐3克，湿淀粉50克，鸡汤1 000克。

【工艺流程】初加工→制汤→煨制→装盘

【制作方法】

①将鲥鱼清洗干净，并用酱油码味。

②勺中放500克鸡汤，加入盐、酱油、味精、料酒，用微火煨至汤汁剩1/3时，倒入漏勺里滤去汤汁。

③另起勺放入50克葱姜油，烧热后加入料酒和毛姜水、酱油、盐、味精和500克鸡汤。

④把鲥鱼条放入鸡汤内，大火烧开，用微火煨30分钟左右，再用湿淀粉勾成稠芡，淋入25克葱姜油，大翻勺，再淋入鸡油，拖入盘中即可。

【制作要点】

①鲥鱼腌制入味。

②汤汁浓稠度要适宜。

③煨制火候要把握好。

【成品特点】色泽红亮，形态完整，口味浓郁。

火腿扒娃娃菜

【用料规格】娃娃菜300克，火腿100克，松花蛋（鸭蛋）50克，鸡清汤500克，大蒜（白皮）5克，葱5克，青椒、红椒、盐、味精、水淀粉等适量。

【工艺流程】初加工→制汤→煮制→装盘

【制作方法】

①将娃娃菜洗净，切成段，青椒、红椒、松花蛋切丁，火腿、蒜切片，葱切末。

②蒜片、葱末炝锅。蒜片焦而不煳的时候，放入鸡清汤。

③水开后将娃娃菜、火腿、松花蛋丁放入煮开，煮到娃娃菜变软。

④将娃娃菜捞出装盘，将青椒、红椒放入鸡清汤中，煮1分钟。盐、味精调味，加入水淀粉勾芡，浇在娃娃菜上即可。

【制作要点】

①原料刀工成形要符合要求。

②煮制时间要充分。

【成品特点】红白相间，口味清淡。

课后思考题

1. 扒的种类有哪些？

2. 扒的特点有哪些？

3. 选择3款扒类菜肴实训操作，并从中总结扒的技术难点。

任务4　炒类菜肴

3.4.1　炒的概念

炒是将原料加工成片、丝、条、丁、米等形状，用中火、旺火在较短时间内加热成熟，经调味成菜的烹调方法。

3.4.2　炒的种类

根据使用原料性质不同、传热介质不同、调味品种不同等因素，炒的分类比较复杂，各地的说法也很难统一。从不同的分类角度来看，炒有不同的叫法。从颜色角度，有红炒、白炒之分；从熟处理与否，有生炒、熟炒之分；从原料搭配情况，有清炒、混炒之分；从上浆与否，有滑炒、煸炒之分；从勾芡情况，有抓炒、爆炒之分；从传热介质，有油炒、落汤炒、水炒之分等。这里，只从浆制情况、炒制情况和成菜情况着重介绍滑炒、软炒、干炒（煸炒）3种炒法。

1）滑炒

滑炒是将经过精细刀工处理或自然形态较小的、质地比较嫩的原料，经过上浆、划油，再拌入调配料，在旺火上快速翻拌，勾芡明油滋汁紧裹的烹调方法。滑炒是炒中要求较高、使用最广的一种。如何掌握滑炒，应从以下3个方面入手：

（1）上浆——基本调味过程

具体要求见"上浆"内容中应注意的问题。

（2）划油——加热成熟过程

划油即上好浆的原料在温、热油锅中划散加热至断生或刚熟的过程。其操作关键如下：

①划油前锅必须洗刷干净，烧热并用油反复滑锅，否则原料入油锅后会粘底。

②投料时要掌握油温的变化情况，其可变因素有：一次投料量与油量关系；火力强弱与油温、油量的关系；原料本身对油温的要求等。具体来讲，火力大，原料下锅时油温可适当低些；原料数量多，油温应高些；原料形体较小或易碎散的油温应低一些，容易划散，且不易断碎的原料油温可适当高些。

③投料后要及时划散，使其受热均匀，要防止脱浆、结团。

④正确把握出锅时间，做到不懒锅，不欠火，保证划油的质量。

（3）炒拌——定味、定色、勾芡阶段

炒拌是滑炒的最后阶段，是将经过划油的原料与调配料拌和并勾芡。划油之后，原料已基本成熟。因此，炒拌的速度越快越能保证菜肴的嫩度。其操作关键如下：

①调味要准。因为炒菜一般都是一次性投料，加加减减势必拖延"炒"的时间，所以投入调味料的准确性至关重要。投料的偏差，直接影响菜肴的口味和色泽。

②火要旺，速度要快。火旺锅底热，能使淋下的芡汁快速糊化，颠翻后包裹原料表层，缩短"炒"的时间。另外，火力与速度可确保菜肴"精神饱满"，尤其是含水多的配料，火力小，速度慢，很容易疲瘪。

③底油不宜多。许多滑炒菜拌炒前先要煸炒小料，这时用油不宜多，否则芡汁结团而包裹不上原料，其原因是过多的油阻隔了粉汁与卤汁的接触而糊化不匀，加上原料表面如果裹上过多的油，芡汁不易包裹上去。

④把握明油时机。滑炒菜一般在勾芡后都要明油，何时用明油，对芡汁的亮度有很大的影响。实践表明，明油的最佳时机是在淀粉糊化的过程中进行，即芡汁入锅后淋明油，使明油与芡汁充分融合，饮食行业上称为"明油亮芡"，就是这个道理。

⑤掌握滑炒菜的不同下芡方式。

A. 对汁芡。是将所有需加的调料及粉汁调兑在一起，与划油后的原料同时下锅快速翻拌而成。其特点是一气呵成，速度快捷。一般使用不易散碎的所有原料、一次成菜数量不多的菜肴。因此，这种方法对调味品的多少、调味品之间的比例、粉汁的厚薄、粉汁与调味料及菜肴原料的比例，一定要准确，过多或过少都难以补救。

B. 投料勾芡。多用于主料划油、配料煸炒的菜肴，即在煸炒配料的同时依次投入调味料、汤料、烧开后勾芡，倒入主料颠翻炒拌成菜。这种勾芡要注意的是：下芡时锅中卤汁要烧开，粉汁要淋在翻滚的卤汁里。

C. 勾芡投料。适用于单一主料的菜肴或主配料都划油的菜肴。就是将调味料和汤汁一起加在锅里，烧开后勾芡，再倒入划油后的原料一起翻拌成菜。这种勾芡要注意的是：调味量、汤汁量、粉汁量与菜肴原料的量之间的比例要准确，偏多或偏少对菜肴质量都有影响。

2）软炒

软炒是将一些动物性原料加工成蓉状，用汤调制成液态状，加米粉或淀粉、鸡蛋清、调味料，过汤筛后，放入少量油的锅中炒制成熟的烹调方法。成菜特点是：质嫩软滑，味道鲜美，清淡利口。掌握软炒的关键如下：

（1）原料的要求

选用筋膜少、质地鲜嫩、血色素少的原料（如原料含血色素多，要事先用水泡去血水）。

（2）加工处理要求

原料切成蓉状，越细越好，最好用食物处理器加工。

（3）加汤稀释的要求

应掌握好原料、汤、米粉或淀粉、鸡蛋清和调味料之间的比例。

（4）炒制要求

①锅要刷洗干净，并用油将锅滑透。

②恰当掌握火力。火力过大容易焦煳，火力过小不易成熟。

③炒制时勺头向下，向顺时针方向推动，要均匀，直至达到要求为止。

3）干炒

干炒也称干煸、煸炒，是以少量油为传热介质，将原料煸炒入味的烹调方法。植物性原料干炒往往用旺火快速翻拌成菜，成品鲜嫩脆爽，本味浓厚，卤汁很少。动物性原料干炒往往用中小火慢慢煸去原料本身的水分，使调味料充分渗透入味成菜，成品干香味厚，盘中见油不见卤汁。干炒菜不上浆，不划油，通常也不勾芡。

3.4.3　炒的特点

炒是最广泛使用的一种烹调方法，它主要以油为导热体，将小型原料用中旺火在较短时间内加热成熟、调味成菜的一种烹调方法。由于一般都是旺火速成，在很大程度上保持了原料的营养成分。炒是中国传统烹调方法，烹制食物时，锅内放少量的油在旺火上快速烹制、搅拌、翻锅。炒的过程中，食物总处于运动状态。将食物扒散在锅边，再收到锅中，再扒散，不断重复操作。这种烹调法可以使肉汁多、味美，也可以使蔬菜又嫩又脆。当然，炒的方法是多种多样的，但基本操作方法是先将炒锅或平锅烧热（这时的锅热得滴上一滴水都会发出吱吱声），再注入油烧热。先炒肉，待熟盛出，再炒蔬菜，然后将炒好的肉倒入锅中，兑入汁和调料，待汁收好，出锅装盘上台。因为炒菜是开饭前才进行制作的，所以每餐不要准备两个以上的炒菜。

3.4.4　炒的技术要领

①适用于炒的原料，多为经刀工处理的小型丁、丝、条、片、球等，大小、粗细要均匀。原材料以质地细嫩、无筋骨为宜。

②旺火速成，紧油包芡，光润饱满，清鲜软嫩，也可用于面点制作。操作过程中要求火旺、油热、锅滑，动作要迅速。

③以翻炒为基本动作原料在锅中不停运动，多角度受热的同时，防止焦煳。

④锅壁有油等介质润滑且炒制时油温要高，以便起到充分润滑和调味的作用，一般炒前需要葱姜炝锅。

3.4.5 炒的制作实例

清炒虾仁

【用料规格】大虾仁300克，鸡蛋清20克，黄酒40克，盐6克，色拉油400克（实耗50克），淀粉10克，味精2克，菱粉6克。

【工艺流程】虾仁→滑油→调味勾芡→翻炒→装盘

【制作方法】

①将大虾洗净，剥出虾仁。将鸡蛋清、盐、黄酒、菱粉等调和，将虾仁放入浆拌待用。

②加热油锅（三至四成热），将虾仁倒入，迅速划熟，倒出，滤去油。

③倒回原锅，加淀粉味精、盐和黄酒等，勾芡，颠炒几下即可。

【制作要点】

①选用新鲜、粒大、洁白的河虾。

②浆虾仁时一定要挤干水分，先放盐使其入味，再裹浆上劲。

③炒锅要洁净光滑，火不宜太大。

【成品特点】虾仁晶莹明亮，口感细腻。

素炒鳝糊

【用料规格】香菇（干）100克，冬笋75克，酱油10克，味精1克，白糖8克，花生油30克，盐3克，香油10克，胡椒粉3克，姜末3克，蒜末20克，淀粉20克，料酒5克，香菜25克。

【工艺流程】水发香菇→加工成长条→拍粉后油锅炸制成熟→复锅调味勾芡→装盘

【制作方法】

①水发香菇洗净去梗，沿外边剪成0.5厘米宽、3厘米长的条，捏干水分。

②将洗净的香菇放入碗内加料酒、盐、姜末等，搅拌均匀，并沾上干淀粉。

③将炒锅洗净置火上，放入花生油烧至七八成热，将香菇丝抖散放入油内，用手勺搅散，捞出沥干油，制成素鳝待用。

④原锅留底油，放入冬笋丝煸炒下，加入酱油、白糖，放入"素鳝"用大火烧沸。

⑤改用小火烧焖，待较浓稠时，加入味精、盐，调好口味，用淀粉勾芡，倒入汤盆中。

⑥锅刷净放入香油烧沸，在"素鳝"的中间挖一"凹"塘撒入蒜末、胡椒粉和香菜段，随后倒入烧沸的香油，"鳝糊"即成。

【制作要点】

①炸"素鳝"火力不要太旺，时间不宜过长，尽量减少香菇内的水分丧失，以保持软嫩。

②烧焖"素鳝"时，汤汁沸后即改小火，使原料入味。

【成品特点】香菇皮黑肉黄，改刀后形似鳝丝，味美鲜嫩，蒜香浓郁。

鲜炒鱼片

【用料规格】石斑鱼肉300克，豌豆荚10片，红椒20克，黄椒20克，鸡蛋清10克，盐5克，胡椒粉1克，淀粉10克，料酒5克，香油2克，清水等适量。

【工艺流程】净鱼肉→调味料腌制→油锅滑油→调味勾芡→装盘

【制作方法】

①鱼肉切片，拌入鸡蛋清、盐、胡椒粉、淀粉等略腌。

②红椒、黄椒洗净后剖开、去籽、切小块，豌豆荚撕除老筋，洗净备用。

③将石斑鱼片过油，捞出，另用油炒红椒片和黄椒片，接着放豌豆荚同炒。

④先将料酒、盐、水淀粉、香油、清水等调匀，淋入锅内，再放鱼片一同炒匀，即可盛出。

【制作要点】

①石斑鱼肉刺少，肉层厚，最适合炒鱼片。

②鱼片过油的油温不宜过高，以免鱼肉粘在一起。

③先将配料和调味料炒匀，再放入鱼片，可减少炒动以保持鱼片的完整，因鱼片过油后已是八分熟，入锅略炒即可，不宜大动作翻动。

【成品特点】色泽洁白，鱼肉鲜嫩爽滑。

炒里脊丝

【用料规格】猪里脊肉200克，银芽100克，盐3克，小葱15克，黄酒15克，味精2克，淀粉13克，香油5克，鸡蛋清25克，色拉油、清水等适量。

【工艺流程】里脊肉→切片→上浆→滑油→下煮、辅料煸炒→调味勾芡→装盘

【制作方法】

①将猪里脊肉片成大片，再直切成粗细均匀的丝。切好的里脊肉丝放入清水中漂洗，沥干水，置于碗内。肉丝内调入盐、鸡蛋清等抓渍一下，拌上淀粉上浆。

②将绿豆芽洗净，去头尾待用。

③将炒锅置旺火上，下色拉油，烧至三成热，将里脊丝倒入锅中，用筷子划散。要起锅时，加入豆芽丝，然后倒入漏勺，沥去油。

④原锅留油，回置火上，投入葱、里脊丝和豆芽丝，加入白汤、盐、味精、黄酒稍炒，用湿淀粉勾芡，淋上香油，颠锅翻匀，装盘即成。

【制作要点】

①一定要将猪里脊肉顺着肌肉纹路切，肉丝要细长均匀。

②在抓捏上浆时要均匀有力，否则容易脱浆，会影响里脊丝的嫩度。

③肉丝滑油时，要掌握好油温，保持肉丝鲜嫩。

【成品特点】色泽美观，肉丝鲜嫩爽滑。

炒腰花

【用料规格】猪腰400克，木耳10克，冬笋片25克，盐2克，酱油10克，葱末5克，姜汁5克，料酒8克，味精3克，蒜片5克，色拉油500克（实耗50克），淀粉20克，汤等适量。

【工艺流程】猪腰→剞花刀→上浆→滑油→翻炒勾芡→装盘

【制作方法】

①猪腰中间片开去腰臊，剞麦穗花刀，再切成块。放入碗内，用料酒、盐、淀粉浆起。

②将木耳洗净，将冬笋切成略小于腰花的片。

③碗中放入汤、酱油、料酒、姜汁、味精、蒜片、淀粉对成芡汁。

④分别将木耳、冬笋用开水焯后控水。

⑤炒锅上火放油烧至六七成热，投入浆好的腰花，稍滑迅速控油，留底油，下入葱末，煸香，下腰花、木耳、冬笋，倒芡汁旺火急炒，淋油即可。

【制作要点】

①宜选用肉质弹性较好的新鲜猪腰。

②腰子剞花刀时，刀深度一致，一般多采用麦穗花刀、荔枝花刀。

③腰花滑油时要掌握好老嫩程度，变色断生即好。

【成品特点】形似麦穗，色泽红润油亮，脆嫩爽口。

扬州蛋炒饭

【用料规格】白米饭1 000克，猪肉40克，熟火腿肉50克，上浆虾仁5克，水发干贝25克，熟鸡脯肉50克，水发冬菇25克，熟鸭肫1个，水发海参25克，熟笋、青豆各25克，鸡蛋8个，绍酒15克，葱末15克，熟猪油225克，盐30克，鸡清汤等适量。

【工艺流程】鸡蛋、米饭→翻炒→装盘
　　　　　　　　　↑
　　　　　辅料→初加工→上浆→划油

【制作方法】

①将海参、鸡肉、火腿、鸭肫、冬菇、笋、猪肉均切成小方丁，将鸡蛋搕入碗内，加盐、葱末等，搅打均匀。

②锅置火上，舀入熟猪油烧热，放入虾仁滑熟，捞出，放入海参丁、鸡丁、火腿丁、干贝、冬菇丁、笋丁、鸭肫丁、猪肉丁等煸炒，加入绍酒、盐、鸡清汤，烧沸，盛入碗中作什

锦浇头。

③锅置火上，放入熟猪油，烧至五成热时，倒入鸡蛋液炒散，加入米饭炒匀，倒入一半浇头，继续炒匀，将饭的2/3分装盛入小碗后，将余下的浇头和虾仁、青豆、葱末倒入锅内，同锅中余饭一同炒匀，盛放在碗内盖面即成。

【制作要点】

①制作此菜前，要先煮出软硬适度、颗粒松散的米饭，以蛋炒之，使粒粒米饭皆裹上蛋液，俗称"金裹银"。

②扬州炒饭不同于家常蛋炒饭，配料众多，工艺精湛，可登大雅之堂。

【成品特点】炒好后如碎金闪烁，光润油亮，鲜美爽口。

炒蝴蝶片

【用料规格】活鳝鱼750克（每条100克以上），大蒜30克，红椒20克，姜末3克，葱末3克，鸡蛋（1个）清，麻油40克，酱油30克，白糖15克，醋10克，干淀粉10克，湿淀粉12克，黄酒15克，胡椒粉2克，色拉油等适量。

【工艺流程】初加工→炒制→装盘

【制作方法】

①将活鳝鱼剁断颈骨，剖开肚膛，去内脏，去黏液洗净。取用鳝鱼中段肉，放平，皮面朝下，用斜刀法将鱼肉一刀片至皮，再一刀片断皮，即成蝴蝶片，逐段片完后用盐、鸡蛋清、干淀粉浆起，淋少许麻油拌匀。

②将红椒改刀成菱形片，大蒜切成片待用。

③炒锅上火烧热，舀入色拉油，烧至油温五成热时，放入鳝鱼片划油至变色，倒入漏勺沥油。炒锅复上火，倒入色拉油，先放入葱末、姜末、蒜片等炸香，再放入红椒片煸炒，加入黄酒、酱油、白糖，用湿淀粉勾芡，倒入蝴蝶片，淋上麻油、醋，颠匀装盘后撒上胡椒粉。

【制作要点】

①鳝鱼出骨要刀口整齐，小刺去尽，片成的薄片须大小均匀。

②鱼片划油时要掌握好时间和油温，否则肉老。

③淋醋由锅壁处下锅。

【成品特点】鱼片卷曲，形似蝴蝶，蒜香浓郁，味鲜滑嫩。

炒蟹粉

【用料规格】蟹粉（蟹肉和蟹黄）350克，姜末3克，葱末3克，香菜5克，酱油20克，醋5克，湿淀粉10克，白胡椒粉30克，黄酒30克，熟猪油等适量。

【工艺流程】初加工→炒制→装盘

【制作方法】

①炒锅上火，舀入熟猪油，放入姜末、葱末炸出香味。

②放入蟹粉煸炒，待水分略干后，加入黄酒、酱油等，用湿淀粉勾芡，淋醋颠锅，起锅装盘，撒上白胡椒粉，摆上香菜即成。

【制作要点】

①炒蟹粉时，动作要轻捷，不可捣得太碎。

②炒蟹粉时，调味要准确。

【成品特点】色泽金黄，蟹味鲜香。

红白鸡片

【用料规格】鸡脯肉200克，鸡肝150克，熟冬笋片50克，韭黄段50克，鸡蛋（1个）清，湿淀粉15克，盐3克，味精1克，干淀粉10克，醋5克，黄酒20克，熟猪油250克（实耗100克），麻油10克，清水等适量。

【工艺流程】初加工→炒制→装盘

【制作方法】

①将鸡脯肉片成柳叶片形，将鸡肝也切成片形。鸡片用盐、鸡蛋清、干淀粉浆起，加入麻油拌匀，将鸡肝用干淀粉浆起。

②将炒锅复上火，舀入熟猪油，油烧至四成热时，分别放入鸡片、鸡肝划油，变色断生后倒入漏勺沥油。

③炒锅复上火，舀入熟猪油，放入熟冬笋片略炒，加入黄酒、盐、味精，用湿淀粉勾芡，投入鸡片、鸡肝片、韭黄段等炒匀，颠翻几下，淋入麻油颠匀后装入放有底醋的盘内。

【制作要点】

①鸡片和肝片的厚薄要一致。

②鸡片要用清水漂洗，吸干水分后上浆。

③鸡肝沾胆汁的部分不能用。

【成品特点】红白分明，明有亮汁，鲜嫩软滑。

笔杆鸡

【用料规格】鸡脯肉150克，猪网油150克，水发冬菇10克，火腿10克，鸡蛋（2个）清，盐2克，花生油15克，黄酒10克，味精2克，鸡清汤50克，鸡油10克，湿淀粉20克，色拉油等适量。

【工艺流程】初加工→炒制→装盘

【制作方法】

①将鸡脯肉切成细丝，放入碗内，加鸡蛋清、盐、湿淀粉搅匀浆起。火腿、冬菇匀切成长丝待用。

②将猪网油洗净晾干，平铺在案板上，用鸡蛋清、湿淀粉搅成的蛋浆，涂于猪网油上，将鸡丝摆在网油的一边，并卷起两圈，切成5厘米长的段，涂上蛋浆，摆在抹过色拉油的盘内，用1只碗放入黄酒、鸡清汤、盐、味精、湿淀粉制成调味汁待用。

③炒锅上火，舀入色拉油，烧至四成热时放入鸡卷，用手勺慢慢推动，呈乳白色时倒入漏勺内沥油。

④炒锅复上火，舀入少许色拉油，投入冬菇、火腿等略炒，放入鸡卷，倒入调味汁，颠翻几下，起锅装盘后浇上鸡油即成。

【制作要点】

①鸡卷的大小粗细要一致，卷起后应搁置片刻再下油锅。

②滑油时要掌握好油温，颠翻时动作要轻，以防脱浆、松散。

【成品特点】色呈乳白，鲜嫩润滑。

三丝鸽松

【用料规格】净鸽脯肉300克，熟笋50克，鸡蛋（2个）清，水发香菇25克，红椒10克，酱瓜姜10克，干淀粉15克，葱6克，黄酒10克，盐3克，白糖6克，酱油15克，鸡清汤50克，湿淀粉10克，醋6克，麻油30克，味精2克，色拉油等适量。

【工艺流程】初加工→炒制→装盘

【制作方法】

①将鸽脯肉用清水略泡后切成细丁，先用盐、鸡蛋清、干淀粉浆起，再用麻油拌匀。

②将酱瓜姜洗净，与熟笋、香菇、红椒、葱分别切成丝待用。

③炒锅上火烧热，放入色拉油烧至四成热时，倒入鸽肉丁，划油至松散、变色，倒入漏勺（要用细眼漏勺）沥油。原锅复上火，留少许油，放入配菜略煸，加入黄酒，舀入鸡清汤，加酱油、白糖，用湿淀粉勾芡，倒入鸽肉丁颠翻，加入味精、盐等，淋入麻油即成。

【制作要点】

①鸽脯肉在刀工处理时，要求丁状大小一致。鸽脯肉水分须挤干，否则不易上浆，失去保护原料鲜嫩的作用。

②严格掌握油温，否则鸽脯肉易变老影响口感。

③勾芡要适度，多则成淀粉糊，少则卤汁不能紧裹原料。

【成品特点】明油亮滑，色呈暗红，鲜香脆嫩。

炒橘红

【用料规格】仔鸭肫6只，熟笋片50克，葱15克，黄酒20克，酱油20克，白糖10克，醋5

克，麻油20克，湿淀粉25克，盐2克，味精2克，色拉油等适量。

【工艺流程】初加工→炒制→装盘

【制作方法】

①将鸭肫剖开，撕去肫皮，洗净，然后将肫片成薄片，其截面形似橘瓣，用盐、味精、湿淀粉浆起待用。

②炒锅上火，舀入色拉油，油烧至六成热时，将肫片倒入锅中划油至肫片变色，捞出沥油。炒锅复上火，放少许色拉油，投入葱、熟笋片煸炒，加黄酒、酱油、白糖等，用湿淀粉勾芡，倒入肫片颠翻，淋醋、麻油后起锅装盘。

【制作要点】宜选质地鲜嫩的仔鸭肫，片要片得薄，大小要一致，肫片上浆时淀粉用量不宜多。

【成品特点】形似花瓣，吃口爽脆。

养油白炒虾仁

【用料规格】虾仁350克，熟精火腿30克，笋50克，葱15克，鸡蛋（1个）清，盐2克，味精1克，干淀粉10克，黄酒20克，熟猪油等适量。

【工艺流程】虾仁→上浆→滑油→炒制→装盘

【制作方法】

①将虾仁洗净，用洁布包起，挤干水分，加盐、鸡蛋清、干淀粉浆上劲，将笋、熟精火腿、葱段均切成丁。

②炒锅上火，舀入熟猪油烧至四成热时放入虾仁划油至变色断生，捞出沥油。炒锅复上火，舀入少许熟猪油烧热，放入葱、笋、火腿等煸炒，加入黄酒、味精、盐等，用湿淀粉勾芡，颠翻几下，加入熟猪油颠匀起锅装盘。

【制作要点】

①虾仁要洗净后吸去水分，浆上劲，以防受热时产生脱浆现象。

②炒锅要干净光滑，火候和油温要掌握得恰到好处。

【成品特点】虾仁洁白、鲜嫩，配料色彩鲜艳。

西芹炒百合

【用料规格】西芹350克，百合100克，盐2克，胡椒粉1克，味精2克，湿淀粉5克，色拉油等适量。

【工艺流程】西芹、百合初加工→烫熟→煸炒→勾芡→装盘

【制作方法】

①将西芹洗净，切成3厘米见方的菱形块。

②将百合洗净，去老根，掰成小瓣。

③将西芹、百合放入沸水汤锅中，烫至刚熟时捞起。

④将炒锅放在火上，下油加热至四成，下西芹、百合等过油，立即捞出沥油。

⑤原锅复上火，倒入主料，快速翻炒至匀，放入盐、味精勾芡收汁后起锅装盘即成。

【制作要点】

①西芹、百合焯水、滑油时一定要适度，以保持西芹翠绿的颜色。

②西芹、百合烹制时不宜太咸，芡不宜太厚。

【成品特点】西芹翠绿，百合洁白，色雅清淡。

豌豆苗炒鸡片

【用料规格】鸡脯肉350克，豌豆苗100克，熟冬笋片50克，鸡蛋清15克，盐5克，绍酒20克，水淀粉15克，芝麻油10克，酱油15克，白糖5克，味精2克，香醋5克，花生油等适量。

【工艺流程】初加工→炒制→调味

【制作方法】

①将鸡脯肉筋膜剔除，劈成柳叶形片，放入清水中浸泡，捞出沥干，加盐、绍酒、鸡蛋清、水淀粉搅匀，再加入芝麻油拌和。

②炒锅上火烧热，放入花生油烧至四成热时，投入鸡片划油，至鸡片呈乳白色倒入漏勺沥油。

③炒锅再次上火，放油，投入冬笋片、豌豆苗煸炒，加绍酒、酱油、白糖、味精等，用水淀粉勾芡，随即倒入鸡片，烹入香醋，淋入芝麻油，翻锅装成。

【制作要点】

①鸡脯劈片要薄，血水要漂净。

②迅速翻炒，保持鲜嫩。

【成品特点】色彩分明，鸡片鲜嫩滑润，豆苗清香，冬笋爽脆。

芙蓉鸡片

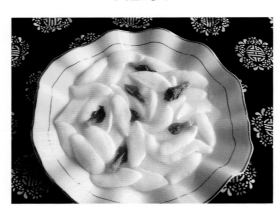

【用料规格】鸡脯肉300克，火腿25克，鸡蛋（2个）清，淀粉等适量，鸡油10克，鸡汤150克，盐5克，味精3克，食用油等适量。

【工艺流程】初加工→炒制→调味

【制作方法】

①将鸡脯肉切成薄片，把鸡蛋清滤入深盘内，用筷子打成泡沫状，火腿切末，用鸡蛋清和淀粉把鸡肉片浆好。

②炒锅上火烧热，加入食用油，烧至五成热时，下入浆好的鸡片，用筷子拨散滑熟，捞出沥油。

③锅内留底油，加鸡汤、盐、味精等，烧开后用水淀粉勾芡，推炒几下，再加入滑好的鸡片翻炒均匀，撒上火腿末、热鸡油等即成。

【制作要点】打蛋时最好不要间断，直到打成泡沫状为止。

【成品特点】颜色鲜艳，肉嫩可口。

炒猪肝

【用料规格】鲜猪肝500克，葱白段50克，熟茭白片100克，酱油10克，白糖5克，醋10克，绍酒5克，盐3克，味精3克，香油50克，水淀粉20克，食用油等适量。

【工艺流程】初加工→炒制→调味

【制作方法】

①在猪肝上撒些干面粉，揉搓后洗净，剃去白筋。再用温水洗净，切成片，用水淀粉、盐浆起待用。葱白段切成斜片待用。

②炒锅上火，放食用油烧至六成热时，加入猪肝，用勺拨散，待变色时倒进漏勺沥油。

③原锅内留少许油复上火，放入葱片、茭白片等煸炒，加绍酒、酱油、味精、白糖等，水淀粉勾芡，放入猪肝，淋上香油、醋，炒匀装盘即可。

【制作要点】切猪肝时要求清爽利落，厚薄一致。猪肝划油断红断生即可，过度则质地发老，不足则内部不熟，血水容易外溢。

【成品特点】猪肝鲜嫩，味香汁紧。

炒肥肠

【用料规格】熟猪大肠300克，青椒25克，大白菜50克，大葱15克，猪油75克，绍酒15克，酱油30克，白糖25克，香油15克，醋15克，味精1克，淀粉10克，盐等适量。

【工艺流程】初加工→炒制→调味

【制作方法】

①将熟大肠切成斜形小段，青椒去蒂、去籽，大白菜去叶，分别洗净切成菱形小片待用。

②炒锅上火烧热，舀入熟猪油，投入猪肥肠、葱片煸炒，再放入青椒、大白菜片同炒，加绍酒、酱油、白糖、盐、味精等烧沸，用水淀粉勾芡，淋上麻油、醋，颠锅装盘即成。

【制作要点】

①猪大肠初加工要清洁，煨制要酥烂。

②淋醋去腥解腻增香。

【成品特点】猪大肠肥嫩，味浓汁紧。

糖醋紫菜苔

【用料规格】紫菜苔500克，五香豆腐干50克，熟春笋片50克，火腿片15克，虾米15克，酱油10克，醋20克，白糖20克，花生油50克，麻油等适量。

【工艺流程】初加工→烫制→炒制

【制作方法】

将紫菜苔去叶取嫩梗洗净，切好，将香干切好。将虾米用冷水洗净，放入沸水泡开。炒锅上火，舀入花生油烧热，放入紫菜苔、五香豆腐干、笋片、虾米、火腿片炒透，加入酱油、白糖等烧沸，烹入醋，颠勺起锅装盘，淋入麻油即可。

【制作要点】紫菜苔入锅烹制要迅速，保持原料脆嫩。

【成品特点】紫菜脆嫩，色彩鲜艳，清爽利口，酸甜味醇。

清炒西兰花

【用料规格】西兰花250克，蒜片50克，盐5克，白糖3克，色拉油等适量。

【工艺流程】初加工→炒制→装盘

【制作方法】

①西兰花切小朵，去粗皮，放入滚水中氽烫，再捞起泡冷水，备用。

②热锅，加入适量色拉油，放入蒜片爆香。

③加入西兰花及所有调味料快炒均匀即可。

【制作要点】

①西兰花要先用滚水氽熟。

②炒制西兰花需要急火快炒。

【成品特点】色泽翠绿，口味清淡。

扇面蒿子秆

【用料规格】嫩茼蒿400克，植物油40克，盐2克，白糖5克，味精1克，香油等适量。

【工艺流程】初加工→炒制→装盘

【制作方法】

①选用新鲜的嫩茼蒿，去根、去杂质，清洗干净，沥干水。

②将炒锅置大火上烧热，迅速煸炒，炒至颜色变深绿，菜变软时，加入盐、白糖、味精等，炒匀，淋上香油即可。

【制作要点】

需用急火快炒。

【成品特点】色泽翠绿，口味清淡。

生炒甲鱼

【用料规格】甲鱼1只，盐、葱、姜、蒜、料酒、淀粉、胡椒粉等适量。

【工艺流程】初加工→炒制→调味→装盘

【制作方法】

①甲鱼1只，用80℃左右的水烫一下，剥去皮。用清水反复浸泡切块，冲去血水，再用料酒和胡椒粉腌渍。姜、蒜切片，葱白、葱绿分别切段。

②坐锅热油，放姜、蒜、葱白炝锅，出香味时放甲鱼炒，炒至甲鱼变色，放料酒，加少许水，大火烧开后转小火。

③5～6分钟后，转大火，加盐、放葱绿等，生粉勾芡出锅。

【制作要点】

①甲鱼需事先用水烫制后去皮。

②炒制需用大火。

【成品特点】形状完整，口味浓香。

银鱼炒蛋

【用料规格】银鱼100克，鸡蛋5个，葱末5克，绍酒10克，盐3克，猪油等适量。

【工艺流程】初加工→炒制→调味→装盘

【制作方法】

①银鱼洗净，入沸水锅氽一下，沥去水。将鸡蛋搕入碗内，加入盐、绍酒打匀。

②旺火热锅，滑锅后下猪油烧热，把银鱼、葱末等加入鸡蛋液中调匀，倒入锅中推炒（中途加油），待鸡蛋液凝固嫩熟，烹入绍酒，颠翻均匀，即可出锅。

【制作要点】

①搅拌时加点水，是为了炒出的蛋口感更嫩。

②炒制火候需要注意。

【成品特点】色泽清黄，口味清淡。

玉带虾仁

【用料规格】虾仁200克，黄瓜150克，盐3克，料酒2克，味精1克，油等适量。

【工艺流程】初加工→炒制→调味→装盘

【制作方法】

①将黄瓜洗净，从中间竖着切开，将瓤去除，切成薄片。

②将虾仁用清水洗干净，放入碗中，加盐拌匀，下锅前用厨房纸吸干表面水分。

③将虾仁插入黄瓜片中。

④炒锅上火，放入油，旺火烧至五成热，倒入虾仁、黄瓜滑油。锅留底油下入虾仁，加入盐、味精、料酒等，颠翻均匀，出锅即可。

【制作要点】

①虾仁要事先用盐拌匀。

②炒制时要把握火候。

【成品特点】绿白相间，口味清淡。

 课后思考题

1. 炒的种类有哪些？

2. 炒的特点有哪些？

3. 选择3款炒类菜肴实训操作，并从中总结炒的技术难点。

任务5 烩类菜肴

3.5.1 烩的概念

烩是将初步处理的原料，放入锅内，加入鲜汤配料，经旺火、中火较短时间加热成熟后，用水淀粉勾芡，使汤、料融合为一体的烹调方法。烩菜具有汤料各半、汤汁微调、料质脆嫩软滑、口味咸鲜清淡、保温性强的特点，主要突出主料的质感。

操作工艺流程：选料→切配→初步处理→入底味熟处理→炝锅烩制→旺中火烧沸→调

味→勾薄芡（有的需要分次勾入）→出勺装汤盘或汤碗。烩菜的选料：烩菜多以质地细腻和柔软的动物类原料为主，以脆嫩柔软的植物类原料为辅。动物性原料：鸡、鸭、猪腰子、猪肚、鸭舌、鸡血、虾仁、海参、干贝、乌鱼蛋等。植物性原料：豌豆、冬笋、冬菇、鲜口蘑、豆腐、腐竹等，多采用丝、丁、细粒。蓉泥等形状的原料。

3.5.2 烩的种类

1）以汤汁的色泽划分

（1）红烩

以有色调料酱汁、生蚝油等，烩制成菜。其特点是：汁稠色重，鲜香味厚。

（2）白烩

以无色调味品调料、盐等与高级奶白汤烩制成菜。具有汤汁浓白、口味浓香等特点。

（3）清烩

将锅烧热加入底油。用葱、姜炝锅，加汤，但不加有色调料，用旺火使底油随汤滚开，随即将原料下锅。出锅前撇去浮沫，成菜不勾芡，即为清烩。其特点是：汤鲜味醇，汤汁清澈。

（4）五彩烩

以5种（也可用多种，多色）原料本身的色彩加汤汁进行烩制成菜。其特点是：色彩丰富。

（5）金汤烩

以南瓜汁调色调味，多与质地细嫩软滑的原料搭配。如嫩脂豆腐、黑珍珠等，其特点是：色泽金黄，香味浓郁。

2）以味划分

（1）糟烩

以糟汁为主要调料，可与动物性原料或水果原料烩制成菜。其特点是：糟香浓郁。

（2）酸辣烩

以醋、胡椒粉和辣椒为主料烩制成菜，突出酸辣味。其特点是：酸辣咸鲜。代表菜：酸辣烩肚丝。

（3）甜烩

以糖料烩制成菜。其特点是：甜香利口。原料以冰糖、耶糖、蜂蜜为主，根据风味不同可加入桂花酱、茄汁橙汁等。

（4）麻辣烩

以辣椒和花椒为主料，具有汤汁麻而爽口、辣不呛喉的特点，菜肴突出酸辣味。

（5）腊味烩

运用腌制的腊味特色原料、汤汁、调味料烩制成菜菜肴，突出腊味特色。

（6）鲍汁烩

以老鸭火腿，干贝等原料制作而成的鲍鱼汁，加原汁调料烩制成，主要突出鲍鱼汁鲜香。

（7）鸡汁烩

用鸡汤、鸡油、鸡丝与其他原料组配，烩制成菜肴，口味多以咸鲜为主。色泽微黄、鸡汁味浓香。

3）以原料分

（1）山菌烩

主要以各种野山菌为主要原料，即牛肝菌、滑子磨、口蘑、臻蘑、白蘑等，加入高汤、调料，在一起烩制成菜肴，它具有口味鲜美的特点。

（2）番茄烩

主要以番茄为原料调味，将番茄去皮，加工成蓉泥，兑入汤汁与原料烩制成菜。其特点是：色泽红润，咸鲜酸甜。

（3）什锦烩

将4种以上的原料加入汤汁，调料烩制成菜肴。其特点是：造型美观，色泽搭配合理。

（4）酥肉烩

将原料先经过炸再烩的一种烹调方法，用炸好、蒸透的酥肉和其他原料，加入汤汁、调料烩制成菜。其特点是：汤浓味厚。

（5）海鲜烩

以各种海鲜加入鲜味汤汁、调料烩制成菜肴。

3.5.3 烩的制作要领

烩菜原料鲜嫩、酥软，不能带骨，不能带腥膻、臊异味，以熟料半熟料或易成熟为主，要求加工得细小、薄、整齐、均匀、美观。

①禽畜肉类的生料切制后，均宜上浆并经温油划熟后再烩制。植物类的生料切制后，均宜用滚水烫后再烩制。熟料经加工后，可直接烩制。

②烩菜原料均不宜在汤内久煮，这需要在烩制前作好初步熟处理，一般以汤滚即勾芡为宜，以保证成菜鲜嫩。

③因烩菜汤料各半，所以勾芡是重要技术环节，芡要稠稀适度，略浓于"米汤"。过稀会泻芡，原料浮不起来；过浓，黏稠糊嘴。勾芡时火力要旺，汤要沸，下芡后要迅速搅和使汤菜通过芡的作用融合，勾芡时还要注意水和淀粉溶解均匀，以防勾芡时汤内出现疙瘩粉块，勾芡可分几次下入，以防把握不准。

④炸烧烩菜肴勾芡程序和技法略有不同。即先将调料汤煮沸并勾芡后，再将已炸熟的主辅原料下锅烩一下即成。这种烩制的菜肴，原料大多先经油炸或烫热制成后较为鲜嫩。

⑤烩菜的美味大半在汤。所用的汤有两种，即高汤和白汤。高汤用于清咸味、汤汁清白的烩菜；白汤用于口感厚实、汤汁浓白或红色的菜。

⑥为突出烩菜的风味特色，需要充分考虑主料、辅料的色香味质感、荤菜比例等的搭配。

⑦烩制的时间不要太长，一般在1～3分钟即可。

⑧有些菜肴需要大油量时，油要分几次下入，这样才能保证菜肴既不吐油又香。

3.5.4 鱼类初加工

因为烩类菜肴常采用鱼类做主料，所以这里简要介绍鱼类初加工的方法和步骤。

在常用鱼的种类中，鲢子鱼、胖头鱼、鲫鱼、鳊鱼、鲤鱼等较常食用。对于这些淡水鱼的初加工，一方面要按照鱼的初加工的原则进行；另一方面要掌握鱼的初加工方法，以保证菜肴质量。此外，还要了解去鱼皮的技巧。

初加工原则：

①除尽黏液污秽。

②根据不同品种和用途进行加工。

③合理使用原料，防止浪费。

鱼的初加工，大体可分为刮鳞、去鳃、取内脏、洗涤几个步骤。

A. 刮鳞。要刮鳞的鱼大都属骨片鳞一类，其中有的带有尖锐的背鳍或尾鳍，在刮鳞前应先去掉。初加工时，将鱼头向左，鱼尾向右放平，左手两指捻住鱼头或掐住鱼的双眼，用刀从鱼的尾部向鱼的头部倒刮上去，将鱼鳞刮干净，但不可弄破鱼皮。有的鱼鳞片中含有丰富的脂肪，不宜去鳞，如鲥鱼等。

B. 去鳃。一般可用刀挖出，对同一个鱼鳃而言，靠外一边的鱼鳃用刀的尾部剜去；靠里一边的鱼鳃用刀的尖部剜去。

C. 取内脏。一般是先剖腹，再取出内脏，但有少部分鱼，为了保持鱼身的完整，不剖腹而从口内取出内脏，在取内脏时，千万不要碰破苦胆。

D. 去苦胆。鱼胆万一弄破了，可以用料酒、醋、葱姜溶液浸漂 3 ~ 5 分钟，然后再用清水冲洗干净。这样可以减弱其苦味，但并不能完全去除。

E. 鱼洗涤。即用清水洗去黏液和污秽。在鱼腹腔内有一层黑衣，在洗涤时必须去掉，以免影响菜肴的质量。

3.5.5 烩的制作实例

拆烩鲢鱼头

【用料规格】花鲢鱼头1个（重约2 250克），菜心10棵，葱姜各50克，绍酒50克，盐5克，熟猪油500克，肉骨汤750克，味精、胡椒粉、湿淀粉、青蒜叶丝等适量。

【工艺流程】初加工→烩制→调味

【制作方法】

①将鲢鱼头去鳞、去鳃，用清水洗净，用刀在下腰进刀劈成两半，再用清水洗净污血，放入锅内，加清水淹没鱼头，放入葱结、姜片、绍酒，用旺火烧开，移小火上焖10分钟，用漏勺捞入冷水中稍浸一下，在水面上，用左手托住，鱼面朝下，右手将鱼骨一块块拆去，将拆骨的鱼头朝下放在竹垫上。

②将菜心洗净，菜头削成橄榄形。炒锅上火，舀入熟猪油，烧至五成热，放入菜心余

熟，将锅内的油倒出，加肉骨汤、盐、味精，烧5分钟后，将菜心取出，放在汤盘中衬底。

　　③炒锅上旺火，加猪油，烧至五成热，下葱、姜等煸出香味，将鱼头肉放入，加绍酒、肉骨汤，烧开后加盐、味精等，移小火上烩10分钟，用大火收浓卤汁，调好口味，放少量胡椒粉，用湿淀粉着腻，浇熟猪油，出锅倒在菜心上，加青蒜叶丝即成。

　　【制作要点】拆鱼头时要注意完整性，烩制时要用小火焖一会儿。

　　【成品特点】卤汁乳白稠浓，肉质肥嫩，滋味鲜美。

烩鸭掌

　　【用料规格】鸭掌400克，玉兰片50克，香菇（鲜）25克，火腿25克，葱5克，盐2克，味精1克，料酒15克，姜2克，鸡油10克，淀粉5克，猪油等适量。

　　【工艺流程】初加工→烩制→调味

　　【制作方法】

　　①将鸭掌洗净后，煮熟剔去爪骨，装入碗内，加汤蒸10分钟。

　　②先将玉兰片、冬菇、火腿切成片，然后同鸭脚一起用少量油煸炒，加入料酒、盐、汤翻炒烩制。开锅加入味精、湿淀粉10克（淀粉5克加水）勾薄芡，淋入猪油，起锅盛盘。撒入葱、胡椒粉等，淋上鸡油即成。

　　【制作要点】鸭掌清洗要彻底，鸭掌要加汤蒸制。

　　【成品特点】质软嫩，味鲜美。

菜花烩鸽蛋

【用料规格】鸽蛋200克，菜花150克，料酒5克，盐2克，味精1克，淀粉5克，植物油40克，香油等适量。

【工艺流程】初加工→烩制→调味

【制作方法】

①将鸽蛋放入锅中煮约10分钟至熟，取出晾凉剥壳。将菜花切成小块，焯水后洗净待用。

②炒锅上火，舀入清汤100克，放入菜花和鸽蛋烧沸。

③锅内加植物油、料酒烧透，加盐、味精等，用湿淀粉勾芡，淋上香油，盛入盘内即成。

【制作要点】鸽蛋晾凉后才剥壳，菜花需要充分焯水。

【成品特点】菜花鲜脆，鸽蛋晶莹细嫩。

翡翠蹄筋

【用料规格】猪蹄筋300克，丝瓜300克，熟火腿75克，虾籽2克，盐3克，淀粉20克，熟猪油等适量。

【工艺流程】初加工→烩制→调味

【制作方法】

①将干猪蹄筋投入三成热温油中，炸至收缩透明、内部水分排尽后捞出。用碱水洗净，投入热水锅中焖10小时左右，使蹄筋恢复至原来的体积。内部发软后，盛入容器内，加入碱水，发至原体积的2～3倍时，捞起放入清水中，反复漂洗，去净碱味。

②将猪蹄筋切成6厘米长的段。将丝瓜刮去表皮呈翠绿色，切去两头，剖成两片，挖去瓜瓤，洗净，切成长4厘米、宽1厘米的条。将熟火腿切片。

③锅上火，舀入熟猪油，烧至四成热时，放入丝瓜条炒至碧绿，倒入漏勺。炒锅再上火，舀入鸡清汤250毫升，放入猪蹄筋、熟火腿片、虾籽、熟猪油等，烧至蹄筋软糯。再加盐、丝瓜条等，烧沸后用水淀粉勾芡，起锅盛入盘内即成。

【制作要点】蹄筋涨量要大，涨发时间要长，并将毛去除干净。

【成品特点】吃口韧、软、滑、糯，色呈半透明黄玉状，汤汁稠浓，味道醇和。

干贝珍珠笋

【用料规格】玉米笋500克，干贝40克，菱形嫩丝瓜12片，熟精火腿末5克，水发小香菇12片，绍酒10克，盐3克，味精1克，葱段1根，姜片3克，水淀粉5克，鲜清汤50克，熟猪油等适量。

【工艺流程】初加工→烩制→调味

【制作方法】

①将干贝去老肉洗净，放入碗内，加鲜清汤、葱、姜、绍酒等上笼蒸透取出，拣去葱姜。玉米笋去壳、蒂、须，洗净，顺长剖成4片。

②炒锅上火烧热，舀入熟猪油，投入丝瓜片焐透捞起，再投入玉米笋块焐透，连油倒入漏勺内。炒锅复上火，倒入原汁汤、干贝及玉米香菇，加熟猪油25克，焐透，加入盐、味精等，放入丝瓜烧沸，水淀粉勾芡，用手勺推匀离火。用筷子将丝瓜、香菇拣出围边，将玉米、干贝倒在中间，撒上火腿末即成。

【制作要点】珍珠笋、丝瓜焐油时，油温不可高，要焐透。干贝上的老肉必须去尽。香菇涨发洗净后，再擦洗表面黑色素，不可过早下锅久烧，防止吐出黑色。

【成品特点】色彩醒目，鲜香脆嫩。

烩鸡翅

【用料规格】鸡翅300克，熟火腿片15克，香菇（鲜）30克，油菜心10棵，虾米3克，熟猪油等适量，黄酒10克，盐3克，淀粉5克。

【工艺流程】初加工→烩制→调味

【制作方法】

①将菜心洗净，菜头削成橄榄形。鸡翅拆去骨（不要拆碎），用刀从翅膀处切成段。

②炒锅上火，舀入熟猪油，放入青菜心煸炒至软嫩，盛起。原锅复上火，舀入鲜汤，放入虾米、鸡翅、熟火腿片、熟猪油烧沸，加黄酒烧5分钟至熟透，加水发香菇片，加青菜心、盐烧沸，加水淀粉等，再淋上熟猪油装盘即成。

【制作要点】鸡翅拆骨时，要防止拆碎，力求外形完整。

【成品特点】鸡翅脱骨完整，汁芡乳白，鲜香细嫩。

鱿鱼锅巴

【用料规格】鱿鱼片（干）300克，锅巴200克，香菇（干）50克，大葱15克，熟猪油等适量，料酒25克，酱油25克，盐5克，胡椒粉1克，味精2克，湿淀粉20克，香油15克。

【工艺流程】初加工→炒制→炸制→烩制

【制作方法】

①提前将鱿鱼片泡发后清洗干净，用开水冲洗2～3次，使其去掉碱味，涨发。将锅巴掰成3厘米大的块。将水发香菇去蒂洗净，大的改块。将葱切成段。

②锅内放入清汤、料酒、酱油、盐等，将鱿鱼片氽过，再倒入漏勺内沥干水分。锅内放入猪油烧至六成热，下入香菇炒一下。加入浓鸡汤，调好味，用湿淀粉调稀勾芡。

③下入鱿鱼片烧入味，撒胡椒粉和葱段，放香油，装入汤碗内。另起锅内放入熟猪油烧至七成热，下入锅巴炸焦酥成金黄色，倒入漏勺内沥油。

④先将锅巴放在桌上，立即将鱿鱼片倒在锅巴上，即可。

【制作要点】

①炸锅巴时，油温要高，炸脆轻浮为止。

②烩鱿鱼和炸锅巴要同时进行，烩好的鱿鱼倒入锅巴盆内时要听到"吱吱"的声响。

【成品特点】鱿鱼滑嫩，锅巴酥脆，香浓味美，别有风味。

烩什锦鲜蘑

【用料规格】熟蘑菇500克，水发干贝50克，熟火腿片50克，熟肫片50克，熟鸡片50克，熟笋片50克，水发香菇50克，青豆50克，黄蛋糕50克，白蛋糕50克，虾仁50克，鸡蛋清30克，盐3克，葱结10克，虾籽1.5克，黄酒30克，鸡清汤400克，干淀粉5克，湿淀粉10克，熟猪油等适量，熟鸡油75克。

【工艺流程】初加工→烩制→调味

【制作方法】

①将黄、白蛋糕切成4厘米长、2.5厘米宽的片。用清水洗净虾仁后沥去水分，用盐、鸡蛋清、干淀粉浆起待用。

②炒锅上火，舀入鸡清汤，加入虾籽，放入蘑菇、干贝、鸡片、火腿片、肫片、笋片等烧沸，加入黄酒、熟猪油烧透，再加黄、白蛋糕、香菇、青豆等烧透，加盐，用湿淀粉勾芡，淋入熟鸡油，盛入大盘内。同时，用另一只炒锅上火，舀入熟猪油烧热后将虾仁、葱结等炒至变色，烹入黄酒离火，拣去葱结，盛于蘑菇上即可。

【制作要点】

①蒸黄、白蛋糕时，要防止蒸老起孔。

②虾仁入清水，可用筷子旋打，以除去血筋。

【成品特点】蘑菇鲜嫩，卤汁醇厚，红、黄、白、青、黑色彩相映，鲜美爽口。

烩冬青

【用料规格】冬笋尖250克，水发冬菇50克，青菜心10棵，盐1.5克，虾籽1克，湿淀粉15克，鸡清汤250克，熟猪油等适量。

【工艺流程】初加工→烩制→调味

【制作方法】

①剖去笋尖,切成5厘米长、1.5厘米粗的劈柴块。菜心一剖两半洗净。冬菇劈成片。

②炒锅上火,舀入熟猪油,烧至油四成热时,将笋、菜心分别入锅焐油至变色时捞起,倒入漏勺沥油。原锅内舀入鸡清汤,加入虾籽、笋块、冬菇片、熟猪油等,烧约5分钟,再放入菜心和盐等烧沸,用湿淀粉勾芡,颠匀起锅装盘即可。

【制作要点】

①选料精细,冬菇不宜长时间加热。

②火候要求掌握恰当,青菜成熟后要求碧绿。

【成品特点】菜心翠绿,冬菇鲜香入味,冬笋爽脆,色彩素雅。

姥姥鸽蛋

【用料规格】鸽蛋200克,水发银耳200克,小西红柿50克,菜心、鲜笋片各50克,盐、高汤、味精等适量。

【工艺流程】初加工→烧制→调味→装碗

【制作方法】锅置火上,舀入高汤,放入鸽蛋、银耳、鲜笋片、菜心,烧透后加盐、味精等调味,装碗,点缀小西红柿即可。

【制作要点】

①银耳水发充分。

②烧制火候要把握好。

【成品特点】色泽分明,口味清淡。

烩鱼皮

【用料规格】鱼皮500克，笋200克，西兰花100克，木耳50克，姜10克，盐、料酒、食用油等适量。

【工艺流程】初加工→炒制→烩制→装盘

【制作方法】

①将鱼皮、笋、西兰花和木耳分别切块，姜切丝。

②起锅放少量食用油，煸炒姜丝，鱼皮下锅略微翻炒，放少许盐、料酒等，盛出待用。

③再次起锅，下底油，放入笋、西兰花、木耳翻炒，放盐继续翻炒，将已炒好的鱼皮拌入，淋香油、鸡精，适当翻炒后出锅即可。

【制作要点】

①炒制火候要把握好。

②鱼皮在炒制过程中防止破裂。

【成品特点】质地脆嫩，口味咸鲜。

蟹粉烩膏蟹

【用料规格】膏蟹500克，蟹黄100克，冬笋50克，香菇（鲜）50克，香菜5克，葱10克，姜末10克，酱油20克，醋10克，盐5克，白糖3克，黄酒25克，白胡椒粉1克，熟猪油、鸡清汤等适量。

【工艺流程】初加工→炒制→烩制→装盘

【制作方法】

①将冬笋、香菇切成片。将香菜切碎，待用。将膏蟹蒸制成熟。

②将炒勺置旺火上，下熟猪油，烧至五成热，下葱、姜末稍煸，再放进蟹黄翻炒，烹黄酒，炒出香味后出勺装盘。

③将炒勺置旺火上，下熟猪油，烧至五成热时，放入葱、姜末炒均，随即放进膏蟹炒出香味，加醋、黄酒稍炒，加鸡清汤、酱油、盐、海参片、冬笋、香菇等。

④待料入味后，用湿淀粉勾薄芡，淋熟猪油，起锅装盘。将蟹黄盖在膏蟹上，撒上白胡椒粉即可。

【制作要点】

①蟹黄炒制应注意时间。

②膏蟹炒制火候要把握好。

【成品特点】色泽红亮，口味浓郁。

 课后思考题

1. 烩的种类有哪些？
2. 烩的特点有哪些？
3. 选择3款烩类菜肴实训操作，并从中总结烩的技术难点。

 任务6 焖类菜肴

3.6.1 焖的概念

焖是先将加工处理的原料，放入锅中加适量汤水和调料盖紧锅盖烧开，然后改用中火进行较长时间的加热，待原料酥软入味后，留少量味汁成菜的多种技法的总称。

3.6.2 焖的种类

1）原焖

原焖是将加工整理好的原料用沸水焯烫或煮制后放入锅中，加入调料和足量的汤水并没过原料，盖紧锅盖，在密封条件下，用中小火较长时间加热焖制，使原料酥烂入味，留少量味汁成菜的技法。特点：原焖收汁是拢住香味、保持鲜味的重要方法。原焖的原料：畜禽肉类和富含油脂的鱼类，少用蔬菜。

2）油焖

油焖是将加工好的原料经过油炸排出原料中的适量水分，使之受到油脂的充分浸润，然后放入锅中，加调味品和适量鲜汤，盖上盖，先用旺火烧开，再转用中小火焖，一边焖一边加一些油，直到原料酥烂成菜的技法。工艺流程：选料→切配→过油→入锅加汤调味→加油焖制→收汁→装盘。

油焖的原料：蔬菜、海鲜、茄子、尖椒等。代表菜：油焖大虾、油焖尖椒。

3）红焖

红焖是将加工好的原料经焯水或过油后，放入锅中加调味品，以红色调味品为主（如酱油、糖色、老抽、甜面酱、大红色素等）。加适量海鲜，盖上盖，旺火烧沸转中火焖，直到原料酥烂成菜。特点：色泽红润，酥烂软嫩，香味浓醇。原料：鸡、鸭、猪、羊、狗、牛等畜禽野味肉类。代表菜：红焖鸡块、红焖肉。

4）黄焖

黄焖同红焖相似，只是在颜色上比红焖浅一些，为金黄色。代表菜：黄焖鸡块。

5）酱焖

酱焖同油焖、红焖、黄焖方法相同，只是在放主配料前，将各种酱（豆瓣酱、大豆酱、金黄酱等）进行炒酥炒香后再焖至酥烂的技法。

3.6.3 猪肉分档取料

与炖一样，焖类菜肴多选用动物性原料，尤其是猪肉，所以这里介绍猪肉的分档取料。

1）猪头

猪头，包括眼、耳、鼻、舌、颊等部位。猪头肉皮厚、质老、胶质重，宜用凉拌、卤、腌、熏、酱腊等方法烹制，如酱猪头肉、烧猪头肉。

2）猪肩颈肉

猪肩颈肉，也称上脑、托宗肉。猪前腿上部，靠近颈部，在扇面骨上有一块长扁圆形的嫩肉。猪肩颈肉瘦中夹肥，微带脆性，肉质细嫩，宜采用烧、卤、炒、熘或酱腊等烹调方法，叉烧肉多选此部位。

3）颈肉

颈肉，也称槽头肉、血脖。猪颈部的肉，在前腿的前部与猪头相连处，此外是宰猪时的刀口部位，多有污血，肉色发红，肉质绵老，肥瘦不分。颈肉可做包子、蒸饺、面臊或用于红烧、粉蒸等烹调方法。

4）前腿肉

前腿肉，也称夹心肉、挡朝肉。在猪颈肉下方和前肘的上方。前腿肉半肥半瘦，肉老筋多，吸水性强。前腿肉宜做馅料和肉丸子，适宜用凉拌、卤、烧、焖、爆等烹调方法。

5）前肘

前肘，也称前蹄髈。前肘皮厚、筋多、胶质重、瘦肉多，常带皮烹制，肥而不腻。前肘宜烧、扒、酱、焖、卤、制汤等，如红烧肘子、菜心扒肘子、红焖肘子。

6）前足

前足，又名前蹄。质量好于后蹄，胶质重。前蹄宜烧、炖、卤、凉拌、酱、制冻等。

7）里脊肉

里脊肉，也称腰柳、腰背。里脊肉为猪身上最细嫩的肉，水分含量足，肌肉纤维细小，肥瘦分割明确，上部附有白色油质和碎肉，背部有薄板筋。里脊肉宜炸、爆、烩、烹、炒、酱、腌，如软炸里脊、生烩里脊丝、清烹里脊等。

8）正宝肋

正宝肋，又称硬肋、硬五花。正宝肋肉嫩皮薄，有肥有瘦。适宜于熏、卤、烧、爆、焖、腌熏等烹调方法，如甜烧白、咸烧白等。

9）五花肉

五花肉，又称软五花、软肋、腰牌、肋条等。五花肉一层肥一层瘦，一共有五层，故得名。五花肉的肉皮薄，肥瘦相间，肉质较嫩。最宜烧、熏、爆、焖，也适应卤、腌熏、酱腊等，如红烧肉、太白酱肉。

10）奶脯肉

奶脯肉，又名下五花、拖泥、肚囊。奶脯肉位于猪腹底部，质呈泡状油脂，间有很薄的一层瘦肉，肉质差。一般做腊肉或炼猪油，也可烧、炖或用于做酥肉等。

11）后腿肉

后腿肉，也称后秋，是猪肋骨以后骨肉的总称。后腿肉包括门板肉、秤砣肉、盖板肉、黄瓜条几部分。

（1）门板肉

门板肉，又名无皮后腿、无皮坐臀肉。门板肉的肉质细嫩紧实、色淡红、肥瘦相连、肌肉纤维长，用途同里脊肉。

（2）秤砣肉

秤砣肉，又名鹅蛋肉、弹子肉、免弹肉。秤砣肉的肉质细嫩，筋少，肌纤维短。宜于加工丝、丁、片、条、碎肉、肉泥等。可用炒、煸、炸收、汆、爆、溜、炸等烹调方法，如炒肉丝、花椒肉丁等。

（3）盖板肉

盖板肉是连接秤砣肉的一块瘦肉，肌纤维长。盖板肉的肉质、用途基本同于"秤砣肉"。

（4）黄瓜条

黄瓜条是与盖板肉紧相连接的一块瘦肉，肌纤维长。黄瓜条肉质、用途基本同于"秤砣肉"。

12）后肘

后肘，又名后蹄。因结缔组织较前肘含量多，皮老韧，质量较前肘差，其烹制方法和用途与前肘基本相同。

13）后足

后足，又名后蹄。因骨骼粗大，皮老韧、筋多、质量较前足略差，其特点和制法与前足基本相同。

14）臀尖

臀尖，又称尾尖。臀尖肉质细嫩，肥多瘦少。适宜用卤、腌、酱、熟炒、凉拌等烹调方法，如川菜回锅肉、蒜泥白肉多选此部位。

15）猪尾

猪尾，也称皮打皮、节节香。猪尾由皮质和骨节组成，皮多胶质重。猪尾多用烧、卤、酱、凉拌等烹调方法，如红烧猪尾、卤猪尾等。

3.6.4 焖的制作实例

松子肉

【用料规格】去骨肋条肉1块2 000克，虾仁50克，松子仁75克，豌豆苗150克，虾籽15克，盐10克，酱油25克，绍酒40克，八角5克，味精10克，白糖30克，葱、姜等适量。

【工艺流程】初加工→烤制→煎制→焖制

【制作方法】

①将去骨肋条肉放在砧板上，用刀将其修成长方形，肉面劈平，将劈下的碎肉与虾仁分别切成蓉，加调料搅匀成虾肉蓉。

②将肉块上烤叉，放在炭火上烤至肉皮焦黑时，取出放入冷水中刮去焦屑洗净。先在肉的一面剞小方格，再在皮的一面剞斜方格，然后在肉面上抹一层蛋糊，再把虾肉蓉均匀地铺在上面，用刀轻排几下。

③松子仁下油锅划油后，均匀地铺在肉蓉上，再轻轻排斩，表面再抹一层蛋糊，将肉皮朝上放入。

④锅中煎至金黄色。取砂锅1只，内垫竹箅，将肉块皮朝下放入，加酱油、绍酒、白糖、葱、姜、清水等。上中火烧沸，撇去浮沫，加盖移小火上焖2小时至酥烂，待汤汁稠浓时离火。再将豌豆苗加料炒熟装在盘子四周，然后将砂锅中的肉块取出，皮朝上装入盘中间，浇上卤汁即成。

【制作要点】要把握好松子肉的烤制时间，肉面排剁要均匀。

【成品特点】肉嫩如豆腐，肥而不腻，虾仁鲜美，松子芳香。

红酥鸡

【用料规格】仔鸡1只，猪精肉100克，虾仁100克，豌豆苗100克，鸡蛋100克，酱油30克，白糖、料酒、姜、葱段、干芡粉、盐、湿芡粉各15克，味精2克，清水等适量。

【工艺流程】初加工→烤制→焖制→蒸制

【制作方法】

①将猪精肉、虾仁分别切成蓉，放入碗中加入鸡蛋，留鸡蛋（1个）清，加盐、白糖、料酒、干芡粉等，打上劲，另取1只碗，用鸡蛋（1个）清加干芡粉制成蛋清糊备用。

②去鸡胸骨、腿骨，留鸡脯肉和腿肉，皮朝下，用刀轻排斩，不要破皮。将蛋清糊抹在肉一面，抹上虾肉馅，用手抹平，再抹上一层蛋清糊，制成生坯。

③炒锅上火，加入1千克油，烧至六成热，将生坯放入锅中炸成金黄色捞出。将锅内油倒出，在锅中加入炸好的鸡块、酱油、葱、姜、清水等淹没鸡块，烧沸后加入料酒。盖上锅盖小火焖20分钟，上旺火收汁至稠浓取出改斜刀切成厚片，排入碗中，倒入原卤，上笼蒸20分钟。炒锅上火，放入油、豆苗，盐炒熟备用。

④炒锅上火，取出蒸好的鸡肉，将卤汁倒入锅中，把鸡肉扣在大圆盘中间，豌豆苗围在

四周，卤汁烧开勾芡，淋入麻油浇在鸡肉上即可上桌。

【制作要点】馅心抹上鸡肉时要用刀轻排，让它们和鸡肉紧密结合，下锅定型油温要控制好，鸡肉和馅料不能分开。

【成品特点】色泽金黄，酥嫩鲜香，豆苗翠绿，咸甜可口。

富春鸡

【用料规格】仔母鸡1只（约750克），熟鸡蛋100克，笋片25克，水发香菇15克，鸡肫肝50克，酱油25克，绍酒35克，白糖15克，葱25克，姜25克，盐10克，芝麻油25克，花生油等适量。

【工艺流程】初加工→炸制→焖制

【制作方法】

①将仔母鸡洗净，从腋下开口，取出内脏，连同肫肝一起放入水锅中，煮熟捞出。

②将锅置火上，舀入花生油，烧至七成热时，将鸡投入炸至金黄色捞出，把鸡蛋放入炸至表面起皱纹，葱炸成金黄色。

③将鸡、肫肝、熟鸡蛋等放入内有竹箅垫底的砂锅内，加入酱油、绍酒、白糖、葱、姜等，舀入清水淹没鸡身，上旺火烧沸。撇去浮沫，压上平盘加盖，移微火焖1小时30分钟离火，去掉竹箅、葱、姜，捞出肫肝切片。

④把香菇、笋片相间地放在鸡身上，放入盐，再将砂锅上火烧沸，淋芝麻油即成。

【制作要点】鸡炸后要去尽余油，焖制时间要足够长。

【成品特点】色呈酱红，油光可鉴，鸡蛋酥香。

生焖甲鱼

【用料规格】甲鱼1 000克，红辣椒20克，盐4克，料酒25克，姜25克，大蒜50克，猪油（炼制）100克，香油10克，味精3克，肉汤等适量。

【工艺流程】初加工→焖制→调味→装盘

【制作方法】

①将甲鱼宰杀洗净，切成3厘米见方的块状。将生姜洗净，刮皮切丁，红椒去蒂、籽，切柳叶片，将大蒜去衣洗净。

②炒锅置旺火上烧热，放熟猪油。先将大蒜炸香盛出，然后将甲鱼入锅煸炒，待炒至断血水，加料酒、姜丁、红椒等，加入肉汤，移至中火焖制。

③待甲鱼肉炖烂时，放大蒜，然后焖烂收稠汤汁，加盐、味精等调味，淋入香油，起锅。

【制作要点】

①甲鱼要清洗干净。

②焖制时间要充足。

【成品特点】肉质酥烂，口味浓鲜。

 课后思考题

1. 焖的种类有哪些？
2. 焖的特点有哪些？
3. 选择3款焖类菜肴实训操作，并从中总结焖的技术难点。

任务7 烧类菜肴

3.7.1 烧的概念

烧是指将前期熟处理的原料经炸煎或水煮加入适量的汤汁和调料，先用大火烧开，调基本色和基本味，再改小中火慢慢加热至将要成熟时定色，定味后旺火收汁或是勾芡汁的烹调方法。烧的工艺流程：选择原料→初步加工→切配→初步熟处理→调味烧制→收汁→装盘成菜。

3.7.2 烧的种类

1）红烧

一般烧制成深红、浅红、酱红、枣红、金黄等暖色。调味品多选上色调料，多用海鲜酱油甜酱油。

2）白烧

一般烧制加入白色或者无色调味品，保持原料的本色或是奶白色的烹调方法。

3）干烧

干烧与红烧相似，但是干烧不用水淀粉收汁，是在烧制中用中火将汤汁基本收汁，使滋

味渗入原料的内部或是黏附在原料表面上成菜的方法。因为菜肴要求干香酥嫩、色泽美观、入味时间较长，所以味道醇厚浓郁。成菜可撒上少许点缀原料，如小香葱、香菜等。干烧讲究见油不见汁或少汁。

4）锅烧

锅烧是古代对炸菜的一种称谓，现在很多炸菜又叫锅烧，锅烧菜是先经过初步热处理达到一定熟度以后，入味、挂糊再入油炸制成菜的方法，可以带上辅助调味，必须去骨。糊分为蛋黄糊、蛋清糊、全蛋糊、水粉糊、狮子糊、脆皮糊。此法制作菜肴色泽金黄，口感酥香，味道浓郁。

5）扣烧

扣烧是将主料经过熟处理调味后进行煮，再以刀工处理成形，扣于碗中整齐地摆放，然后上笼蒸至软糯倒扣入盛器中，再用原汁勾芡或不勾芡，浇在蒸好的主料上，也可直接浇在炸好的烹调主料上成菜的烹调技法。扣碗可大可小，小碗直径6厘米。

6）酿烧

酿烧是将烧制的原料经过刀工处理后酿入馅料，经过初步熟处理后再进行烧制的烹调方法。原料改好刀以后酿入馅料时接触面要均匀地涂上一层干面粉或淀粉，这样可以增加粘连度。

7）蒜烧

蒜烧是以蒜为主要的调料兼配料烧制成菜的烹饪方法。掌握好蒜的火候炸成金黄色蒜香浓郁为佳。

8）葱烧

葱烧是以葱为主要的调料兼配料的烧制方法。葱烧多选用葱白，葱烧的菜肴色泽多为酱红色，葱的使用可以煸炒成黄色，也可以将葱作为配料炒至断生呈白色，类似葱爆菜。

9）酱烧

酱烧和红烧基本相同，着重于酱品的使用，常用黄酱、甜面酱、腐乳酱、海鲜酱、排骨酱等。炒酱的火候很重要，要炒出香味，不要欠火候和过火。

10）辣烧

辣烧是以辣味调料（主要是辣椒酱、干辣椒）为主烧制菜肴的烹调方法。带有辣味的调味品很多，常用郫县豆瓣酱、泡辣椒、蒜蓉辣酱、泰国辣酱、干辣椒、辣椒粉等。

3.7.3 烧的特点

①以水为主要的传热介质。

②所选用的主料多数是经过油炸煎炒或蒸煮等熟处理的半成品，少数原料也可以直接采用新鲜的原料。

③所用的火力以中小火为主，加热时间的长短根据原料的老嫩和大小而不同。

④汤汁一般为原料的1/4左右，烧制菜肴后期转旺火勾芡或不勾芡。因此成菜饱满光亮，入口软糯，味道浓郁。

3.7.4 干货涨发

烧类菜肴选料广泛，不仅包括畜肉、禽肉及水产品，而且适用于干货，这里就对干货的涨发及使用作简要介绍。

　　1）干货涨发的种类

　　干货涨发是将干制品通过涨发重新吸收水分，使原料恢复到原来的形状。干货涨发的方法如下。

　　（1）冷水发

　　冷水发适用于体小质软的银耳、木耳、金针菜等的涨发，以及最后清除干货本身或在涨发中染上的杂质与异味。

　　（2）热水发

　　热水发分为泡、煮、焖、蒸4种。泡发是将干货放在热水中浸泡而加热，适用于形体较少、质地较嫩或略有气味的原料；煮发是要加热煮沸的，适用于体质坚硬厚实，有较重腥臊味的海参、鱼翅等；焖发是煮发的继续，最后使温度自然下降，让干货从外到里全部涨透；蒸发是用蒸汽使干货涨发透，适宜于鲜味浓、易破碎的干贝、淡菜、哈士蟆等。

　　（3）生碱水发

　　将碱粉500克、冷水10千克（或按同样比例）掺合在一起搅匀至融化。先将干货用清水浸泡，再放入碱水浸泡，最后用清水漂浸，清除碱味和腥臊味，适用于较僵硬的鱿鱼、蹄筋、墨鱼等，还可用于某些干货急用时的涨发。常用碱水为7%的碱、3%的石灰、90%的开水。熟碱水：碱粉500克，石灰200克，沸水4 500克、冷水4 500克。先将沸水加碱和石灰搅和融化，再加上4 500克冷水搅和，待冷却澄清后去沉淀物即成。

　　（4）油发

　　油发是先将干货放在多量的温油中逐渐加热，使之体积膨胀松脆，涨发后用热碱水浸洗，用清水漂洗，适用于胶质丰富、结缔组织多的蹄筋、干肉皮、鱼肚等。

　　（5）盐发

　　盐发（现在基本不用此法），是将干货放在多量的盐中加热、炒、焖，使之膨胀松脆，原理同油发，而油发的干货一般也可盐发。盐发后须用热水泡，稍加点碱，再用清水漂，除去盐分、油脂和杂质。盐发的干货比油发的松软有劲，但不及油发的口感好，色泽也不如油发的光洁美观。用碱水泡发干料，有两大弊端：一是破坏原料中的部分营养成分；二是使原料的鲜美滋味受损。因此，尽管碱发法有助于干料迅速涨发回软的优点，而且，许多坚硬老韧的干料，都可以用碱水涨发，但潮菜厨师基本不采用此法。

　　（6）火发

　　凡干货表面有毛、鳞或有僵皮的原料，水分无法渗透到内部，故在水发前需要火发。火发一般是将干货外表放在火上燎烤至外皮呈焦黄色，再放在热水中浸泡，用刀刮去焦皮，放在水中浸泡，然后用热水煮，去皮再煮除去腥味，有些海参、乌参、刺参就用这种方法涨发。

　　（7）烤发

　　烤发是干货涨发的新方法。烤发具有涨发充分、质量好、口感好、省油省时、不污染环境的特点。由于电烤箱开始进入家庭，因此烤发具有应用上的物质条件。

　　（8）蒸发

　　涨发蹄筋，在油里点水可以帮助涨发。

　　2）涨发干货注意事项

　　①要了解原料的性质和特点，以确定正确的涨发方法。要掌握原料的品质特点，即干货

属于动物性原料还是属于植物性原料。干制的方法是属于风干、晒干，还是属于烘干。选用的涨发方法或者采用碱发、盐发、水发或者选用油发，并且根据干货原料质地的老嫩，掌握涨发的时间。

②严格按照干货原料技术要求进行操作，特别注意的是：第一，容器不能沾油腻；第二，清洗弄干货要轻柔；第三，泡发名贵海味要使用专用工具，以免造成原料变色，影响涨发质量。

③干货原料发制完毕要妥善保存，保存放置的方法有冰镇法、换水法、阴凉保存和通风保管等。方法不当会造成原料的损失。

3）原料在保存过程中应该注意的问题

①干货原料要有良好、完整的包装，储运过程中要轻搬轻放，以防止因包装破损而降低防潮性能。

②控制储藏的温度和湿度，使库房保持干燥、凉爽、低温、低湿是保管干货原料的基本措施，干货原料库存温度以10 ℃为佳，湿度应该控制在50%～60%。

③干货库内切忌同时存放潮湿物品，所有干货原料的码放必须做到隔墙离地，以保证干货原料不受潮。

3.7.5 烧的制作实例

烧笙箫

【用料规格】鳝鱼1 500克，绍酒50克，白糖10克，酱油75克，姜块（拍松）25克，葱结5克，大蒜瓣50克，白胡椒粉1克，熟猪油等适量，麻油25克。

【工艺流程】初加工→炸制→烧制→调味

【制作方法】

①将鳝鱼宰杀，用刀根切开颈和脐门处（骨断皮连）。用竹筷2根，从颈处插入，由脐门处卷出内脏，洗净，剁成8厘米长的段待用（头和细尾不用）。

②炒锅上火，舀入熟猪油，待油烧至七成热时，将鳝段放入，炸至鱼段收缩时捞出。原锅内留熟油50克，放入葱结、姜块、蒜瓣略煸，放入鳝段，加绍酒、酱油、白糖等，放清水淹平鱼身，盖上锅盖。

③烧沸后，移至小火烧1小时左右近酥烂（九成），再移至旺火，加熟猪油，收稠卤汁，淋上麻油，离火装盘。装盘时，拣去姜、葱，撒上白胡椒粉即成。

【制作要点】炒锅光滑，手勺不宜搅动太多。

【成品特点】色呈酱红，汤汁黏稠，味道香浓，肉质酥嫩。

春笋烧鲴鱼

【用料规格】鲴鱼1条，春笋200克，料酒10克，盐3克，白糖3克，葱段10克，姜片10克，熟猪油等适量。

【工艺流程】初加工→烧制→调味

【制作方法】

①将鲴鱼片剖腹去内脏，挖去鳃，洗净，放菜墩上。取下鱼头，将鱼头切成两片，再将鱼身横切成1.5厘米的厚块。将鱼块放入沸水中略烫一下，再用清水漂洗干净。将春笋切成块。

②炒锅置旺火上烧热，倒入熟猪油，烧至五成热，放入姜片、葱段等，炸香时放入鱼块、加料酒、笋块、清水（没过鱼块）等，盖上锅盖，用旺火烧开后转小火焖10～15分钟，放入盐，再用旺火收汁，盛入盘中食用。

【制作要点】春笋在食用前，先用水煮20～30分钟。煮后换凉水浸泡4～5小时，去掉笋中涩味。鲴鱼烧制前，先焯水可以起到去腥味的作用。做鲴鱼时不用放味精，鲴鱼本身非常鲜美。

【成品特点】色白如奶，汤汁浓厚，肉嫩味鲜。

烧笋鸭青

【用料规格】竹笋500克，青头鸭1只，青菜心500克，黄酒30克，姜片6克，葱结6克，虾籽1克，盐3克，鸡清汤100克，湿淀粉10克，熟猪油等适量。

【工艺流程】初加工→烧制→调味

【制作方法】

①宰杀鸭子，去毛及内脏，洗净，切块，放入烧热的油锅内，用武火将鸭块炒至肉色发白。竹笋去皮和根，洗净，剖开，切成块状。

②将竹笋、鸭肉、适量清水入锅，再放入青菜心烧沸，加入黄酒、姜、葱等，以文火煮熟，加入盐和味精调味，用湿淀粉勾芡，淋上熟猪油，盛入盘中即可。

【制作要点】

①冬笋内有丹宁，食之麻嘴，焐油可使其挥发。

②菜心焐油变色即捞，保证色绿脆嫩。

【成品特点】菜心碧绿，冬笋鲜脆，鸭肉香酥，鲜香味浓。

虾籽乌参

【用料规格】乌参（水发后约300克），虾籽（干虾米）10克，西兰花150克，胡萝卜50克，鸡清汤300克，鲍汁3克，白糖3克，味精8克，葱段、姜块各5克，绍酒5克，湿淀粉10克，葱油15克，熟猪油等适量。

【工艺流程】初加工→炸制→蒸制→烧制

【制作方法】

①将乌参用水反复洗净，放入漏勺中沥去水分，将炒锅放在旺火上烧热舀入熟猪油，待油烧至八成热时，将乌参皮朝上放进油锅中炸，约10秒钟后将乌参连油倒出沥去油。

②用原锅放入葱油，将大乌参皮朝上放入锅中加入绍酒、酱油、白糖、酱色、鸡清汤等，把虾籽均匀地撒在大乌参上面，用旺火烧开。

③将虾籽盛入瓷碗内，上笼蒸半个小时左右，待大乌参酥软时取出，推入热炒锅中，加盖后用微火烧4分钟后，将大乌参盛起皮朝上平放于盆中。

④锅内原汁用水菱粉勾芡，放入葱段等，淋入葱油，浇在乌参的面上即成。

【制作要点】乌参花刀深浅一致，汤汁烧至稠浓起锅。

【成品特点】乌光发亮，质软酥烂，鲜香汁浓。

梅岭菜心

【用料规格】矮脚青菜20棵，冬笋50克，虾仁50克，水发香菇50克，熟精火腿25克，鲜汤250克，盐3克，味精1克，水淀粉20克，精炼油等适量。

【工艺流程】初加工→焐油→烧制

【制作方法】

①先将青菜去边叶，留菜心，洗净。再将菜心削成圆锥形，菜叶切成三角形。将虾仁洗净，沥干，用盐、水淀粉浆好。将冬笋、火腿分别切片。将香菇劈成片。

②锅中放入油烧热，投入菜心焐透，捞出沥油。

③锅中放入鲜汤、菜心、笋片、火腿片、香菇等，加盐烧透，放味精，用水淀粉勾琉璃芡，离火，淋上油。菜头朝外，菜叶朝里摆成圆形装盘，放上滑油至熟的虾仁即可。

【制作要点】菜心焐油要热锅冷油，严格掌握油温，防止菜色变黄。

【成品特点】色泽鲜艳、清爽，菜心糯软脆嫩，鲜咸适口，味道清香。

大烧马鞍桥

【用料规格】鳝鱼1 000克，青蒜15克，猪腿肉300克，大蒜150克，酱油80克，小葱20克，香油25克，料酒3克，香醋70克，白糖20克，姜20克，胡椒粉1克，熟猪油等适量。

【工艺流程】初加工→烫制→烧制→调味

【制作方法】

①蒜瓣剥去蒜衣，洗净。葱洗净，挽结。姜洗净，切片。青蒜择洗干净，切成丝。鳝鱼宰杀，去内脏，洗净，切成4.5厘米长的段，每段剖2～3刀。

②取锅置旺火上，舀入清水，放入鳝段略烫，沸后捞出洗净。将猪肉洗净，切成约4.5厘米的长方形厚片，待用。

③将炒锅置旺火上烧热，舀入熟猪油50克，烧至五成热，放入葱结、姜片等，再倒入猪肉片，煸炒至肉片变色时，加入酱油和清水，盖上锅盖，烧沸后，用小火焖约30分钟。

④另取炒锅置旺火上，舀入熟猪油，烧至五成热，放入蒜瓣略炸，锅离火，焖约3分钟。再置旺火上，捞出蒜瓣，放入葱结、姜片，投入鳝鱼段翻炒，加入香醋、酱油、料酒、糖色和清水等，烧沸后端离火口。将肉片、鳝段一同下入带有竹算的砂锅中，倒入肉汤和鳝鱼卤汁，加入白糖，盖上锅盖，置旺火上烧沸后再改用小火焖约15分钟，再用旺火收浓汤汁。淋上香油，撒上胡椒粉（宜用白胡椒粉）、青蒜丝即成。

【制作要点】

①选用的猪腿肉以带皮的为佳。

②将肉片、鳝段下入炒锅时，肉片在下，鳝段在上。

【成品特点】成菜色泽酱红，汤汁稠浓，鳝段酥香。

烧什锦

【用料规格】猪心、猪舌、猪肚、鱿鱼、肉丸、酥肉、鸡脚、鸡脖子、虾米、茶树菇、午餐肉、玉兰片、青笋、胡萝卜、鱿鱼各80克，酱油15克，白糖5克，湿淀粉10克，麻油10克，黄酒10克，葱花10克，生姜丝10克，盐10克，鸡精5克，胡椒粉3克，料酒15克，鸡油10克，色拉油50克，面粉30克，高汤等适量。

【工艺流程】初加工→烧制→调味

【制作方法】

①猪舌洗净，放入热水中用小刀刮洗干净。猪肚用面粉反复搓揉，洗净备用。猪心洗净，切成厚1厘米的片。锅内放入开水，放入猪舌、猪肚、猪心、葱段、姜块大火烧开后改用小火烧20分钟，取出备用。

②将煮好的猪舌切成厚0.2厘米、重约4克的片。将猪肚、猪心片成重约4克的片。将鱿鱼洗净，片成厚0.3厘米的大片，放入沸水中余0.5分钟，取出后控水。将鸡脚、鸡脖子洗净后剁重约5克的小块，放入沸水中大火煮5分钟，取出后控水。将虾米放入50 ℃温水中浸泡20分钟。将午餐肉切长5厘米、宽3厘米、厚0.5厘米的片。将玉兰片切成长3厘米、宽2厘米、厚0.1厘米的片。将青笋、胡萝卜洗净后切成长5厘米、宽1厘米、厚1厘米的条。将茶树

菇洗净后放入50 ℃的温水中浸泡30分钟，取出切段。

③锅内放入色拉油，烧至七成热时放入猪心、猪舌、猪肚、鱿鱼、肉丸、酥肉、鸡脚、鸡脖子、金钩、茶树菇、高汤等小火烧10分钟，放入午餐肉、玉兰片、青笋、胡萝卜小火烧3分钟，用盐、鸡精、胡椒粉、料酒等调味后小火烧2分钟，淋鸡油出锅即可。

【制作要点】刀工处理成形基本相同，便于入味，受热成熟一致。

【成品特点】色彩各异，口味浓郁。

砂锅菜心

【用料规格】青菜心1 000克，火腿片25克，熟笋片50克，熟鸡脯肉50克，水发冬菇片25克，虾仁50克，盐4克，虾籽2克，湿淀粉5克，鸡清汤500克，黄酒30克，熟鸡油20克，熟猪油等适量。

【工艺流程】初加工→焐油→烧制

【制作方法】

①将菜头削成圆锥形，在菜根契上十字形花刀。将菜叶切成三角形。虾仁洗净沥水，用盐、湿淀粉上浆上劲。

②炒锅上火烧热，舀入熟猪油，放入菜心焐透至翠绿色捞出沥油。

③取砂锅1只，先用部分青菜心垫底，将青菜头沿着砂锅边排成圆形。再将火腿片、鸡肉片、冬菇片、笋片等排成圆形盖于菜心之上（露出菜心）。舀入鸡清汤，加入盐、虾籽、黄酒等上火烧沸，淋入熟鸡油。与此同时，炒锅上火放入熟猪油，将虾仁滑油至熟后点缀在砂锅正中即可。

【制作要点】

①菜心焐油要热锅冷油，既要焐透，又要保持菜心翠绿。

②砂锅炖制时，时间不宜太长，以防菜心变黄变烂。

【成品特点】青菜心翠绿，酥烂清鲜而不失其形。

蟹粉蹄筋

【用料规格】水发猪蹄筋750克，蟹粉100克，葱段10克，姜块10克，黄酒50克，香菜10克，盐4克，湿淀粉20克，胡椒粉1克，浓白汤750克，熟猪油等适量。

【工艺流程】初加工→烧制→调味

【制作方法】

①将猪蹄筋用刀切成5厘米长的段，放入沸水中焯水，捞出沥干水分。

②炒锅上火，舀入熟猪油烧热，放葱、姜炸出香味后捞出不用。倒入蟹粉煸炒，加入黄酒、盐、浓白汤等烧开，装盘待用。原锅上火，舀入浓白汤，倒入蹄筋，把蟹粉倒入一边，舀入熟猪油烧透。加盐，用湿淀粉勾芡，起锅装盘，撒上胡椒粉，点缀香菜即可。

【制作要点】

①蟹肉要煸透，去尽腥味。

②蹄筋要烧透入味。

【成品特点】蹄筋滑韧，蟹粉鲜香，汤汁醇浓。

裙边鸽蛋

【用料规格】水发裙边600克，清汤等适量，葱结10克，姜片10克，绍酒2克，味精7克，盐7克，雕刻成形冬瓜底盘1个，火龙果10片，鸽蛋10个，半圆形小冬瓜球10个，青红椒，大香菇1朵，红樱桃1颗。

【工艺流程】初加工→蒸制→烧制→调味

【制作方法】

①水发裙边焯水3分钟，放大碗内加清汤、绍酒、葱结、姜片等，上笼用旺火蒸20分钟。冷却后劈成长方形片，扣入汤碗内加盐、味精、绍酒。再上笼用中火蒸10分钟，炒锅加水烧沸放盐、味精等。放入冬瓜底盘焯水3分钟至熟，冬瓜球焯水。取小圆碟10只涂上花生油，搛入鸽蛋骼小火蒸熟取出待用。

②裙边沥干水分，反扣在冬瓜底盘内，鸽蛋摆上冬瓜球放在火龙果片上围边，用青红椒点缀，裙边上放大香菇1朵，红樱桃1颗。

③炒锅滑油后，加入清汤、盐、味精等，勾芡打入花生油，浇在裙边、鸽蛋上即可。

【制作要点】主辅料入锅烧必须分别放置，以便装盘时美观。

【成品特点】鸽蛋明亮晶莹，裙边鲜韧入味。

酿丝瓜

【用料规格】丝瓜400克，猪肉馅150克，葱10克，姜10克，黄酒10克，白胡椒粉1克，盐4克，湿淀粉20克，熟猪油750克，鸡清汤等适量，鸡蛋50克。

【工艺流程】初加工→烧制→调味

【制作方法】

①猪肉馅加入葱、姜，剁成肉泥，放入黄酒、白胡椒粉、盐等，顺时针方向搅匀，分次，慢慢倒入清水，使劲搅打上劲，搅拌均匀备用。

②丝瓜用刨皮器刨皮，对切，撒上少许盐，用手抹匀，腌好后切面撒上干淀粉，抹匀。

③将腌制好的猪肉馅放在丝瓜上，用手抹成半圆形。

④炒锅上火，舀入熟猪油烧至油四成热时，放入丝瓜焐熟，用漏勺捞起沥油。炒锅上火，舀入鸡清汤，倒入丝瓜，加入盐等烧沸，用湿淀粉勾芡，淋上熟猪油，起锅装盘即可。

【制作要点】

①丝瓜挖去瓤后，抹上鸡蛋和湿淀粉搅成的糊，以免馅心脱落。

②丝瓜焐油温度不能太高，要用小火慢慢养熟。

【成品特点】颜色翠绿，馅鲜味美，瓜嫩质鲜。

白汁鱼皮

【用料规格】水发鱼皮500克，熟鸡脯肉75克，净熟笋50克，熟肫50克，小青菜心500克，姜片6克，葱结6克，虾籽2克，盐3克，浓鸡汤750克，黄酒30克，湿淀粉25克，熟猪油等适量，熟鸡油25克。

【工艺流程】初加工→烧制→调味

【制作方法】

①将水发鱼皮改刀成5厘米长的菱形块，将鸡脯肉劈成鹅毛大片，肫切成片，笋切成4厘米长的片，菜心根部削圆，菜叶削成宝剑头形状。

②炒锅上火，舀入熟猪油，烧至油温四成热时放入菜心焐油，至透时倒入漏勺沥油。炒锅上火，舀入清水，放入姜片、葱结，放入鱼皮焯水，沸后倒入漏勺沥水，拣去姜葱。原锅上火，舀入熟猪油100克，放入姜片、葱结略炸捞出。倒入鱼皮，加浓鸡汤、虾籽烧沸，加黄酒、鸡片、笋片等略烧后再加盐、菜心烧沸，用湿淀粉勾芡，淋上熟鸡油，起锅装盘即可。

【制作要点】鱼皮要去尽砂和腐肉。

【成品特点】汤汁乳白，鱼皮软糯，滋润味美。

烧虾饼

【用料规格】虾仁300克，生猪肥膘肉50克，水发木耳25克，熟笋片50克，鸡蛋2个，雀舌葱25克，黄酒15克，湿淀粉25克，葱花10克，盐4克，鸡清汤400克，酱油10克，熟猪油等适量。

【工艺流程】初加工→制坯→烧制

【制作方法】

①虾仁洗净挤干水分，切成蓉，肥膘肉也切成蓉同放入碗内，加鸡蛋、葱花、湿淀粉、黄酒、盐搅拌上劲成虾糊待用。

②炒锅上中火烧热，舀入熟猪油滑油。待锅热后，左手抓虾糊，从食指和大拇指中间挤出虾糊，右手用中指、食指、无名指挤成虾丸，略用劲摔在锅内成圆饼形，两面煎成淡黄色（火不能大）出锅待用。

③炒锅上火，舀入熟猪油，烧至七成热时，放入雀舌葱略炸。加入鸡清汤、虾饼、木耳、笋片、黄酒、酱油、盐等烧沸后，用湿淀粉勾芡，起锅装盘。

【制作要点】虾馅吸水率低，串制虾蓉不可加水。虾丸大小要求一致。

【成品特点】虾饼扁圆淡黄，吃口鲜嫩。

扒烧牛筋

【用料规格】牛蹄筋400克，香菇（鲜）50克，冬笋75克，油菜心10棵，金华火腿75克，虾籽30克，熟猪油等适量，黄酒250克，盐3克，姜25克，葱50克，淀粉15克。

【工艺流程】初加工→焖制→蒸制→烧制

【制作方法】

①牛蹄筋用淘米水浸泡，涨发起软时取出。用清水洗净，放入有竹垫的砂锅内，加姜片、葱、黄酒。再加清水漫过牛筋，上中火烧沸，移微火焖1小时，取下换水，再上微火焖1小时左右，如此反复3次，焖至软糯时取出，用刀切成长约4.2厘米的段。每段一剖两开，放入碗中，加姜片、葱段、黄酒、鸡汤等，上笼复蒸1次，取出牛筋待用。

②炒锅上中火，放熟猪油15克，放入菜心略煸后捞出。加入鸡汤、香菇片、笋片、火腿片、牛筋、虾籽、盐等烧沸，再放熟猪油和菜心烧沸。用淀粉勾芡，颠匀起锅装盘。

【制作要点】

①焖制火候要把握好。

②蒸制时间要充分。

【成品特点】色泽红亮，口味浓香。

鳜鱼烧菜心

【用料规格】鳜鱼750克，油菜心500克，酱油20克，盐5克，味精10克，料酒15克，胡椒粉2克，淀粉2克，熟猪油、姜、葱等适量。

【工艺流程】初加工→烧制→调味→装盘

【制作方法】

①将油菜心摘洗好，放开水锅中氽一下，捞在凉水中投凉控去水分。

②鳜鱼宰杀洗净后捞在盘中。葱切段，姜拍破。锅内注入大油烧热，煸姜葱，放入高汤煮开后捡出葱、姜。

③放入鳜鱼，加酱油、盐、味精、料酒和胡椒粉等烧至入味，勾上芡汁后出锅装盘。

④另起锅注入大油，放上高汤将菜心倒入、加盐烧开，倒入盘中即可。

【制作要点】

①宰杀鳜鱼时，要注意安全，不要被刺伤。

②烧制火候需要把握好。

【成品特点】红绿相间，口味浓郁。

红烧鲍鱼

【用料规格】干紫鲍200克，老母鸡肉250克，净火腿25克，干贝10克，干贝汤10克，白糖7.5克，盐5克，酱油、料酒、淀粉、鸡油等适量。

【工艺流程】初加工→焖制→烧制→装盘

【制作方法】

①将干紫鲍用水发制好，加入鸡肉、火腿、干贝，上火焖3小时后，将鲍鱼取出，原汤过滤备用。将鲍鱼剞上花刀，再斜切成半厘米厚的片。

②将100克焖鲍鱼的原汤、干贝汤一起放进双耳锅，煮沸后放入鲍鱼片，滚煮10分钟，加入白糖、盐、酱油、料酒等，以淀粉调成浓汁，出锅前加鸡油。

【制作要点】

①鲍鱼要事先水发充分。

②焖制火候要把握好。

【成品特点】汤汁浓厚，味道鲜美，质地软嫩。

红烧刀鱼

【用料规格】刀鱼500克，春笋50克，香菇（鲜）25克，黄酒25克，盐5克，酱油50克，白糖5克，葱白30克，姜20克，熟猪油等适量。

【工艺流程】初加工→煎制→烧制→装盘

【制作方法】

①分别将春笋、香菇洗净切片。将葱白切段，姜切片备用。将刀鱼洗净，用洁布吸去水分，在鱼身一面抹匀酱油。

②炒勺放在中火上烧热，加入熟猪油，放入刀鱼（将抹酱油的一面朝下）。

③先将鱼煎至淡黄色，再将鱼翻身，放入笋片、香菇片、姜片、葱白段等，然后加黄酒、酱油、白糖、盐、清水（淹没鱼身）等。

④移旺火上烧至六成熟时，加熟猪油，移至中火上烧约2分钟，再移至旺火上，晃动炒勺，待卤汁收稠，起锅盛入盘中即成。

【制作要点】

①刀鱼煎制火候要把握好。

②烧制过程要控制好时间。

【成品特点】色酱红光亮，鱼肉细腻鲜嫩，口味咸中带甜。

红烧鲴鱼

【用料规格】鲴鱼750克，姜片、葱段、味精、白糖、胡椒粉、黄酒、生粉、酱油、食用油等适量。

【工艺流程】初加工→炸制→调味→烧制

【制作方法】

①将鲴鱼洗净沥干，切块，放入七成热的油锅中炸一下捞出沥干油。

②锅中放入姜片、葱段、少许油，略煸炒，放入鱼块，加入黄酒、酱油、白糖、味精、胡椒粉等，翻炒，加盖焖10分钟左右。

③勾芡，装盆即成。

【制作要点】

①炸制油温要控制好。

②烧制火候要把握好。

【成品特点】肥腴软糯，咸中带甜。

红烧羊肉

【用料规格】羊肋条肉750克，胡萝卜100克，青蒜段50克，豆油30克，白酒30克，绍酒40克，辣椒酱10克，酱油10克，白糖2克，葱段姜片20克，八角2颗，清水等适量。

【工艺流程】初加工→焯水→炒制→烧制

【制作方法】

①将羊肋条肉洗净，切成4厘米见方的块。

②放入锅内，加适量清水，放入少许葱段、姜片、白酒等，烧开，焯水约1分钟，随即捞出放至清水中洗净。

③胡萝卜洗净切成片，炒锅上火，舀入豆油烧热，放入葱段姜片煸炒出香味，加入调味。

④将羊肉焖至成熟，放入萝卜，收浓汤汁即可。

【制作要点】

①需选用带皮羊肉。

②羊肉一定要焯水干净。

【成品特点】肉质酥烂，口味浓郁。

笋子烧肉片

【用料规格】竹笋200克，五花肉250克，姜、冰糖、料酒、生抽、老抽、干红辣椒、盐、胡椒粉、葱花等适量。

【工艺流程】初加工→煎制→烧制→收汁

【制作方法】

①竹笋去皮洗净后切梳背块，放入沸水中焯烫后捞出，用淡盐水浸泡。

②五花肉切块入锅中用中小火慢慢煎至出油且四面略微金黄。把煎好的五花肉拨到一边，用锅内的油煸香姜片，加几颗冰糖炒至糖化油变成黄色。把五花肉炒匀，翻炒到肉上色。

③倒入沥过水的笋翻匀，加入干红辣椒，调入料酒、生抽、老抽等翻炒。加入没过材料的开水，大火烧滚后转中小火盖上盖焖煮30分钟左右，至肉软糯后收汁。

④加入适量盐和胡椒粉等调味，撒入葱花后起锅。

【制作要点】

①竹笋要用淡盐水浸泡。

②煎制火候要控制好。

【成品特点】肉质酥烂，笋子鲜美。

油面筋烧肉

【用料规格】油面筋10个，猪肉馅300克，干淀粉30克，老抽、生抽各10克，白糖15克，葱花、姜末、盐各5克，油菜心、香菇各100克，冬笋50克，黄酒、油等适量。

【工艺流程】初加工→制馅→成形→烧制

【制作方法】

①油菜心切除根部，洗净叶片根部的泥沙，将香菇去蒂切成4瓣，将冬笋切成梳子片。

②在猪肉馅中调入葱花、姜末、生抽、黄酒、干淀粉、盐和白糖等，然后顺着一个方向用力快速混合均匀。

③用筷子在油面筋上捅一个窟窿，然后将肉馅塞进去，将面筋填满充实。

④锅中放入塞好肉的油面筋，倒入一小碗冷水，加老抽和白糖。大火煮开后，转中火煮10分钟左右，调好味，转大火把汤汁收浓，撒上葱花即可。

【制作要点】

①油面筋的窟窿不要捅太大，以免露馅。

②烧制过程要小心，防止破裂。

【成品特点】色泽红亮，大小均匀，咸甜适口。

课后思考题

1. 烧的种类有哪些？

2. 烧的特点有哪些？

3. 选择3款烧类菜肴实训操作，并从中总结烧制技术难点。

任务8 蒸类菜肴

3.8.1 蒸的概念

蒸是将经过调味后的食品原料放在器皿中，再置入蒸笼利用蒸汽使其成熟的过程。

3.8.2 蒸的种类

蒸类菜肴按技法分为清蒸、粉蒸、扣蒸、包蒸、糟蒸、花色蒸、果盅蒸。

1）清蒸

清蒸是指将单一原料、单一口味（咸鲜味）原料直接调味蒸制，成品汤清味鲜、质地嫩的方法，原料必须清洗干净，沥净血水。

工艺流程：选料→切配→腌制预制→蒸制→出锅

2）粉蒸

粉蒸是指加工、腌味的原料上浆后，粘上一层熟玉米粉蒸制成菜的方法，粉蒸的菜肴具有糯软香浓、味醇适口的特点。

工艺流程：选料→切配→腌制→拌生粉→蒸制→装盘

3）包蒸

包蒸是将不同的调料腌制入味烹调原料，用网油叶、荷叶、竹叶、芭蕉叶等包裹后，放入器皿中，用蒸汽加热至熟的方法。这种方法既可以保持原料的原汁原味不受损失，又可以增加包裹材料的风味。

4）糟蒸

糟蒸是在蒸菜的调料中加糟卤或糟油，使成品菜具有特殊糟香味的蒸法。糟蒸菜肴的加热时间都不长，否则糟卤会发酸。

5）上浆蒸

上浆蒸是指鲜嫩原料用蛋清淀粉上浆后再蒸的方法。上浆可使原料汁液少受损失，同时增加滑嫩感。

6）果盅蒸

果盅蒸是将水果加成盅，将原料初加工，放入果盅内，上笼蒸熟的方法。果盅选择多以西瓜、橙子、雪梨、木瓜、桔瓜为主，去掉原料果心。

7）扣蒸

扣蒸是将原料经过改刀处理按一定顺序放入碗中，上笼蒸熟的方法，蒸熟菜肴翻扣装盘形体饱满，神形生动。

8）花色蒸

花色蒸又称酿蒸，是将加工成形的原料装入容器内，入屉上笼用中小火较短时间加热（根据不同性质的原料作相应调整）成熟后浇淋芡汁成菜的技法。这种技法是利用中小火势和柔缓蒸汽加热使菜肴不走样、不变形，保持原来美观的造型，是蒸法中最精细的一种。

工艺流程：选料→切配→外形处理→蒸制→浇汁（调料→勾芡）→装盘

9）汽锅蒸

汽锅蒸，是以炊具命名，将原料放入汽锅中加热成菜的技法。

3.8.3 蒸菜的特点

①将原料以蒸汽为传热介质加热制熟，不同于其他以油、水、火为热传介质技法。

②蒸菜原料内外的汁液不像其他加热方式那样大量挥发，鲜味物质保留在菜肴中，营养

成分不受破坏，香气不流失。

③不需要翻动即可加热成菜，充分保持了菜肴形状的完整。

④加热过程中水分充足，湿度达到饱和，成熟后的原料质地细嫩，口感软滑，蒸类菜肴的原料，用料广泛，多选用质地老韧的动物性原料、质地细嫩或精细加工后的蓉泥原料、涨发后的干货原料，如鸡、鸭、牛肉、海参、鲍鱼、鱼、虾、蟹、豆腐和各种鱼虾原料蓉泥等。原料的形状多似整只、厚片、大块、粗条为主。

3.8.4　蒸的制作实例

粉蒸肉

【用料规格】带皮猪保肋肉750克，鲜豌豆70克，米粉100克，姜米、葱1克，豆腐乳汁3克，酱油4克，料酒2克，盐3克，味精1克，糖色适量，鲜汤50克，食用油等适量。

【工艺流程】猪肉切片→拌味→装碗→蒸→装盘成菜

【制作方法】

①将猪保肋肉切成长10厘米、厚1厘米的片。将花椒用铡切细后与葱汁混匀。将豌豆淘洗净。

②将肉片装入盆内，加酱油、料酒、姜米、豆腐乳汁、味精、糖色等拌匀，再加入米粉、鲜汤拌匀静置15分钟后装入蒸碗内摆成"一封书"。将鲜豌豆放入拌肉的盆内，加盐、米粉、鲜汤等拌匀装入蒸碗内。

③将装好的蒸碗放入笼内用旺火沸水蒸至肉熟软（约1小时后），出笼翻扣入盘内成菜。

【制作要点】

①米粉不宜选用加工得过细或过粗的。除鲜豌豆外，还可以选用土豆、红薯等。

②肉片拌味、拌粉后需静放入味，再装入蒸碗内蒸制。掌握好米粉与鲜汤的使用量。

③旺火沸水长时间地蒸，要随时观察添加笼锅内的水，避免干锅影响成菜风味。添加的水应为沸水。

【成品特点】色泽红亮，肉质软糯，米粉成熟疏散，豌豆清香，咸鲜略甜带辣。

清蒸白鱼

【用料规格】白鱼700克，猪板油50克，玉兰片25克，火腿片25克，小白菜段20克，料酒20克，盐3克，味精2克，葱15克，姜30克，鸡清汤等适量。

【工艺流程】初加工→蒸制→调味

【制作方法】

①将活白鱼宰杀，清洗干净，入沸水锅中略烫一下捞出，刮净黑皮洗净，两面剞上斜十字花刀，放入容器内，加猪板油、玉兰片、火腿片、小白菜段、盐、料酒、葱、姜、鸡清汤等上屉蒸熟取出，然后拣去葱、姜和猪板油。

②将鱼轻放在汤碗内，原汤沥入炒勺烧开，撇去浮沫，加入味精浇在鱼碗内，再将玉兰片、火腿片、小白菜段等交替摆在鱼上。

【制作要点】

①将白鱼横劈至脐门处，既要切断脊骨，又要一片连头一片连尾。

②白鱼上笼蒸的时间不宜过长，蒸之前，白鱼和猪板油要放入沸水锅中烫一下，以除血污。

【成品特点】色彩艳丽，鱼肉洁白，细嫩鲜美，汤汁清淡。

玛瑙蛋

【用料规格】生咸鸭蛋、松花蛋等。

【工艺流程】蒸制→填馅→蒸制

【制作方法】

①松花蛋剥去壳，放在碗里上蒸锅蒸5分钟，晾凉后切成小碎块。

②鸭蛋壳洗干净，拿一个碗准备接蛋清，在生咸鸭蛋尖的一头，轻轻敲开一个小口，把

蛋皮和薄膜清理干净，露出一个小洞。

③将小块松花蛋一点一点地塞进去，塞的同时会不断有鸭蛋清流出来，正好流入事先准备好的小碗里（鸭蛋清可做菜用）。

④将半个松花蛋塞进去，松花蛋几乎把小洞封上。塞的时候不能太使劲，不要把鸭蛋黄挤破。

⑤把塞好松花蛋的鸭蛋放在碗里，上蒸锅蒸约20分钟，晾凉后剥壳切块即可。

【制作要点】

①事先将松花蛋蒸一下，因为蛋黄里面比较稀，蒸一下使其凝固，以方便切块。

②蒸鸭蛋的时候，在碗里把鸭蛋摆好，小洞朝上，再加上已塞满的松花蛋，蛋液就不会流出来，也可以在小洞上封一层保鲜膜。

【成品特点】红、白、绿，色彩相映，鲜嫩适口。

双皮刀鱼

【用料规格】刀鱼650克，猪熟肥膘蓉100克，熟火腿片75克，春笋片50克，水发冬菇25克，鸡蛋清100克，香菜末25克，绍酒25克，盐1.5克，味精1克，葱结15克，姜片15克，鸡清汤150克，水淀粉20克，熟猪油等适量。

【工艺流程】初加工→蒸制→调味

【制作方法】

①将刀鱼刮鳞，去鳃，去鳍，在肛门外横划一刀，用竹筷从鳃口插入鱼腹，绞去内脏，切掉鱼尾尖洗净，逐条在鱼背外用刀沿脊骨两侧剖开，去掉脊骨，鱼皮朝下平铺在砧板上，用刀背轻捶鱼肉使细刺粘在鱼皮上，再用刀面沾水刮下两面鱼肉剁成鱼蓉放入碗中，加猪熟肥膘蓉、鸡蛋清、盐、味精、绍酒和适量清水搅匀分成4份，平铺在4条刀鱼皮的肉面上，再将另一面鱼皮合上呈鱼原状，在合口处沾上火腿末和香菜末放入盘中，将火腿片、春笋片、冬菇片相间地铺在鱼身上，再放上葱结、姜片，加绍酒、盐等上笼蒸熟取出。

②去葱，去姜，滗去汤汁。将锅置旺火上，舀入鸡清汤，再加味精、盐，烧沸后用水淀粉勾芡，淋入熟猪油，再浇在鱼身上即成。

【制作要点】

①此菜是用竹筷从鳃口取内脏，在脐眼处横划一刀，割断鱼肠，使内脏易于取出。

②用刀刮鱼肉时，其中4条鱼皮不能刮破，并留少量鱼肉，去掉鱼皮上的鱼刺。

【成品特点】鱼形完整，食之无刺。

八宝鳜鱼

【用料规格】鳜鱼1条（约750克），笋丁25克，水发香菇丁25克，火腿丁25克，肥肉丁25克，青豆25克，水发干贝25克，虾仁25克，盐2克，料酒30克，虾籽2克，姜3片，熟猪油、姜、葱等适量。

【工艺流程】初加工→腌制→制馅→蒸制

【制作方法】

①将鳜鱼去鳞、鳃，由鳃口取出内脏，入沸水略烫，捞出刮洗去黑膜，用清水洗净。将鳜鱼脊背两侧深剔十字花刀，放在盆里，加盐、料酒、姜、葱，腌制30分钟。

②将笋丁、水发香菇丁、火腿丁、肥肉丁、青豆、水发干贝、虾仁等分别洗净放入锅内。加10毫升油，盐、料酒等适量，煸炒至熟，搅拌均匀制作成馅心备用，然后将馅心填入鱼腹中，即成八宝鳜鱼的生胚。

③将腌制好的鳜鱼放入盘里，将辅料一同放入锅内，加盐、料酒、虾籽、姜片等。上笼旺火蒸约20分钟，取下拣去姜葱即可。

【制作要点】鱼脊背花刀不可将鱼腹划破。

【成品特点】外形完整，鳜鱼细嫩，八宝鲜香。

清蒸琵琶虾

【用料规格】大虾12只约750克，净虾仁100克，盐10克，味精5克，色拉油50克，黄瓜100

克，鸡蛋清150克，胡萝卜100克，水发香菇30克，肥膘50克，葱姜汁100克，干淀粉等适量。

【工艺流程】初加工→成形→蒸制

【制作方法】

①将大虾洗刷干净，去头、壳，留尾，抽去砂线成凤尾虾，洗净。加盐、味精腌制，黄瓜、胡萝卜、香菇，均切成丝待用。

②取虾仁与肥膘，加盐、味精、胡椒粉、鸡蛋清、生粉、葱姜汁等做成虾胶。将虾胶抹在凤尾虾上，放上3种丝，使之成为琵琶状，码入盘中，入屉蒸制5分钟，取出刷上色拉油即可。

【制作要点】

①制作精细，力求清洁卫生。

②蒸制应旺火速成，保持虾蓉鲜嫩。

【成品特点】形似琵琶，鲜嫩味美。

清蒸鲥鱼

【用料规格】鲥鱼750克，猪网油100克，香菇（鲜）40克，虾米2克，火腿30克，春笋60克，姜10克，盐2克，胡椒粉1克，熟猪油40克，香菜5克，小葱10克，料酒25克，白糖3克，鸡清汤等适量。

【工艺流程】初加工→烫制→蒸制

【制作方法】

①香菇去蒂，洗净，切片。姜洗净，切片。熟火腿切片。香菜择洗干净，切段。春笋去皮洗净，切片。葱去根须，洗净，切段。将鲥鱼挖去鳃，沿胸尖剖腹去内脏，沿脊骨剖成两片，各有半片头尾。取用软片洗净，用洁布吸去水。将猪网油洗净，晾干。将鱼尾提起，放入沸水中烫去腥味后，将鱼鳞朝上放入盘中。将火腿片、香菇片、笋片相间铺放在鱼身上。再加熟猪油、白糖、盐、虾米、料酒、鸡清汤等，盖上猪网油，放上葱段、姜片等。

②上笼用旺火蒸约20分钟至熟取出，拣去葱姜，剥掉网油。将汤汁滗入碗中，加白胡椒粉调和。再浇在鱼身上，放上香菜即成。上菜时带有姜、醋碟，以供蘸食。

【制作要点】

①鲥鱼鲜美，宜带鳞蒸食，故不宜去鳞。

②蒸鱼要掌握火候，旺火气足，一熟即可取出。

【成品特点】鱼身银白，肥嫩鲜美，爽口而不腻。

冬瓜盅

【用料规格】小冬瓜1 000克，清汤500克，冬菇100克，味精1克，冬笋100克，盐15克，山药100克，熟豆油25克，白果100克，香菜段10克，莲子100克，开水等适量。

【工艺流程】初加工→蒸制→煨制→蒸制

【制作方法】

①先将小冬瓜洗净后，刮去外层薄皮。然后将冬瓜上端切下1/3留做盖用，接着挖去瓜籽及瓜瓤，放入开水锅中烫至六成熟，再放入凉水中浸泡冷透。

②取冬菇、冬笋、山药洗净，切成1厘米见方的小丁，白果、莲子去皮洗净，将山药、白果、莲子入笼蒸烂。

③将锅烧热，放入清汤，再放入冬菇、冬笋、山药、白果、莲子等，用大火烧开，小火煨约5分钟，然后倒入冬瓜盅内。另加入清汤、味精、盐、熟豆油等，盖上盖，上屉蒸15分钟，取出放在大碗里，撒上香菜段即成。

【制作要点】

①冬瓜刮皮时需保持绿色。

②冬瓜需用碱水焯透。

【成品特点】冬瓜翠绿，口味鲜嫩清香。

金鱼鸽蛋

【用料规格】鸽蛋10个，白鱼肉150克，鸡蛋4个，红椒10克，水发冬菇10克，绿菜叶20

克，盐3克，葱姜汁30克，味精1克，黄酒30克，淀粉5克，熟猪油50克，鸡清汤200克，熟精火腿50克，冷水等适量。

【工艺流程】原料初加工→制坯→蒸制

【制作方法】

①先将鸽蛋放入冷水锅内上火煮熟，再用冷水浸泡冷却后剥去壳。鸡蛋100克烙成蛋皮。白鱼肉切成蓉状，取3/4鱼蓉加鸡蛋、蛋黄、盐、味精等串成鱼黄糊。剩下鱼蓉加鸡清汤、蛋清、盐、味精串成白糊。红椒去籽与绿菜叶、冬菇分别洗净。

②用模具将蛋皮刻成10只金鱼形，鱼尾部抹上鱼黄糊做成鱼尾形，镶上切成细丝的红椒为鱼尾筋。金鱼头部两边的蛋皮上放置鱼白糊做成鱼眼状，并放上刻成圆形的冬菇做金鱼的眼珠。绿菜叶用波浪花刀刻成细丝稍抹鱼白糊放在鸽蛋上做鱼鳞。火腿切成薄片修成鱼鳍形放在鱼身的两侧，即成金鱼鸽蛋的生坯。

③将金鱼鸽蛋生坯平放在抹过熟猪油的盘内，上笼用旺火蒸约5分钟，取出重新装盘，摆成整齐的图案。炒锅上火，舀入鸡清汤烧沸，加盐等调料，用淀粉勾芡，淋入熟猪油，浇于金鱼鸽蛋上即可。

【制作要点】

①要注意金鱼形状的饱满和逼真。

②上笼蒸要掌握好火候，不能蒸过头。

【成品特点】造型逼真，口味鲜嫩。

绣球鳜鱼

【用料规格】鳜鱼750克，熟笋40克，熟火腿20克，熟猪肥膘肉50克，水发香菇100克，熟鸡脯肉20克，青菜叶10克，鸡蛋100克，味精1.5克，盐2克，熟猪油50克，葱姜汁30克，黄酒10克，淀粉15克，鸡清汤等适量。

【工艺流程】初加工→制坯→蒸制

【制作方法】

①将鳜鱼去鱼鳞、腮，剖腹去内脏洗净，在胸鳍处切下鱼头，从下巴处劈一刀（不可劈短）。用刀沿鱼臀鳍处斜切下鱼尾，一起洗净，用盐、黄酒浸渍入味。鸡蛋搕入碗内打散，烙成薄蛋皮一张。将青菜叶洗净，将香菇去蒂洗净。将鸡脯肉、笋、香菇、青菜叶、鸡蛋皮、火腿均匀地切成长短一致的细丝（称六丝），放入盘内拌匀待用。

②鳜鱼中段剔去骨、皮、胸刺，将1/3的鳜鱼肉切成鱼丝。其余部分与肥膘肉分别切成蓉状同放碗内，放入鸡蛋清、鸡清汤少许、味精、黄酒、葱姜汁、盐、湿淀粉搅成糊状放入鱼丝。用手将鱼蓉挤成桂圆大小的圆球，在"六丝"上滚满六丝，放在抹过猪油的盘内，鱼头、尾放在另一盘内一起上笼蒸。绣球鳜鱼蒸2分钟取出扣入碗内上笼再蒸1分钟取出，翻身扣入鱼盘内，再将蒸好的鳜鱼头、尾摆在盘的两端。

③炒锅上火，舀入鸡清汤、熟猪油等，加入盐等调料烧沸，用淀粉勾芡，起锅浇在绣球上即可。

【制作要点】

①"六丝"要切得细，且长短一致。

②鱼丸大小一致，滚上六丝后要用手轻轻再搓一搓，使六丝粘牢。

③绣球鳜鱼生坯上笼蒸要掌握火候。

【成品特点】形色美观，六丝鲜艳，鱼肉鲜嫩。

干蒸鸡

【用料规格】母鸡1 000克，桂皮5克，葱段25克，姜块25克，料酒15克，盐等适量。

【工艺流程】初加工→腌制→蒸制→装碗

【制作方法】

①将母鸡剁去头、爪、翅膀尖，以背部开膛，掏去内脏洗净，用盐、料酒等把鸡的外皮擦匀，膛内撒入盐腌好。

②桂皮用布包扎紧，与葱段、姜块等一起装入鸡膛内，上屉用旺火蒸烂。取出去掉姜块等。

【制作要点】

①鸡肉腌制入味。

②蒸制时间要把握好。

【成品特点】肉质酥烂，汤汁浓郁。

扣肉夹饼

【用料规格】带皮猪五花肉1 000克，梅干菜200克，酱油20克，盐10克，白糖8克，八角粉5克，花卷6个，清油等适量。

【工艺流程】初加工→炸制→蒸制→装盘

【制作方法】

①带皮五花肉一大块，烧开水，放进去煮至用筷子能插入，取出。用叉子在肉皮表面上扎小眼，扎得越密越好，这样炸出来的皮才会蓬松，趁热在肉皮表面上抹老抽。

②在锅里放入较多的油，烧至七八成热（油面上的青烟向四面扩散，油面平静），把整块肉的皮朝下放入锅中炸。最好用锅盖盖上，以免被溅出的油烫伤，转小火，把肉皮炸黄捞出沥干油。

③把整块肉的肉皮朝下放入水中浸泡，泡到表皮软软的时候，取出沥干水分。把炸好的肉切成片，每片约0.8厘米厚，皮朝下，在碗里排好。将梅菜洗净，漂净沙子，切碎。烧热炒锅，炒干梅菜，盛出。

④取一小碗，加白糖、老抽、生抽、米酒、八角粉、盐等用少许水调匀。锅里放油，烧热，爆蒜蓉，下梅菜炒，将碗里的汁倒入，烧开。煮好后，倒入装肉的碗内，上气蒸1小时左右取出。取一碟子扣在碗上，倒转过来，将碗里的汁倒出来，烫些青菜围边，取出碗。汁下锅，用水淀粉勾芡，淋在扣肉上，花卷放于盘边。

【制作要点】

①炸制温度要控制好。

②蒸制时间要充足。

【成品特点】肉质酥烂，口味浓香。

蒜蓉扇贝

【用料规格】扇贝5个，大蒜50克，香葱20克，小红椒1个，粉丝100克，料酒、盐、鸡粉、食用油等适量。

【工艺流程】初加工→烧制→腌制→蒸制

【制作方法】

①将贝肉与贝壳分开，把贝肉的内脏去除，再用刷子把扇贝壳里外都刷净备用。

②用料酒将收拾好的扇贝肉腌制片刻，将小红椒切成粒，香葱切葱花，大蒜切成蒜蓉备用。在炒锅中放入比蒜蓉略多一些的油，烧至两成热时，将蒜蓉放入油中，用小火将蒜泥炒成黄色，和油一起盛出，晾凉以后加入盐和鸡粉调匀。

③粉丝用温水泡软，再用开水过一下，捞起沥干备用。将粉丝在每一个扇贝壳中围成鸟巢状。然后将腌制好的扇贝肉放在上面，再将调好的蒜蓉和油均匀地抹在扇贝肉上。

④蒸锅水烧开，将扇贝整齐地平放在盘中，放入蒸锅用大火蒸。把炒锅烧热，倒入少许食用油，趁着油没热的时候把葱花、红椒粒等分别撒在每一个扇贝上，然后把烧烫的热油均匀地淋在上面即可。

【制作要点】

①扇贝要清洗干净。

②蒜泥炒制火候要把握好。

③扇贝蒸制时间要充足。

【成品特点】肉质酥烂，口味浓香。

文蛤炖蛋

【用料规格】文蛤400克，鸡蛋2个，温水300克，鲜贝露5克，盐、葱等适量。

【工艺流程】初加工→蒸制→调味→装碗

【制作方法】

①将文蛤在淡盐水中浸泡半日，使其吐尽泥沙，冲洗干净滤干水分备用。将洗净的文蛤过开水焯至外壳张开，捞出滤干水分。

②鸡蛋打入碗中，打散，加入盐，然后缓缓加入40 ℃左右的温水，一边加入温水一边慢慢搅拌均匀。将焯过水的文蛤倒入蛋液中。

③包上保鲜膜，置于已经烧上汽的蒸锅中。盖上盖子，小火蒸20分钟左右即可关火。

④将蒸好的文蛤炖蛋取出，表面撒葱末，倒入鲜贝露即可。

【制作要点】

①文蛤一定要在淡盐水中浸泡6小时以上，方可让其吐尽泥沙，盐与水的比例约为1 000克水加1小勺盐。文蛤要经开水焯烫后才能去腥，焯的时候注意一定要等到文蛤都张开嘴才表示熟了。

②炖蛋前蒸锅内的水要先烧开，蒸的时候要用小火，用大火蒸会使表面熟中间不熟，或者形成断层。蒸的时间一定要在20分钟以上，中途不要揭开锅盖，只要走汽，蒸蛋就会前功尽弃，再回蒸也蒸不好的。

【成品特点】质地细嫩，味道鲜美。

1. 蒸的种类有哪些?
2. 蒸的特点有哪些?
3. 选择3款蒸类菜肴实训操作，并从中总结蒸的技术难点。

任务9 氽类菜肴

3.9.1 氽的概念

氽是将加工的小型原料放入烧沸的汤水锅中进行短时间加热成汤菜的技法。

工艺流程：选料→切配→沸水（或汤）氽制→盛装

氽与煮相似，比煮的加热时间短，有些原料在七成熟。

3.9.2 氽的种类

①生氽。原料未经过熟处理即放入烧沸的汤水锅中氽制。
②熟氽。原料经过熟处理后放入烧沸的汤水锅中氽制。
③水氽。原料放入烧沸的清水中氽制。
④汤氽。原料放入烧沸的汤汁中氽制。

3.9.3 氽的特点

滋味醇和清鲜，质地细嫩爽口。

3.9.4 氽的技术要领

①质感脆嫩。使用旺火使原料急速加热成熟。
②重视菜形美观。

原料下锅水温的4种情况：

第一，滚开沸水：水温在100 ℃。

第二，沸水而不腾的热水：水温在90 ℃左右。

第三，微烫温水：水温在50～60 ℃。

第四，温凉水：水温在50 ℃以下。

要根据原料的性质、质地掌握水的温度和原料投入的时间及加热的时间。

③讲究鲜醇爽口。一般使用清澈如水、滋味鲜香的清汤。也可用白汤，但浓度要稀一些，不上浆不勾芡。

④调料用葱姜料酒细盐味精鸡精等，不用带色的调味品。

3.9.5　原料初步熟处理

汆是将加工好的小型原料放入烧沸的汤水锅中进行短时间加热成菜，这样可以达到菜肴质嫩的要求，为了保证原料能够完全成熟，事先必须进行初步热处理，可采用走红和焯水的方法。

1）走红

走红，又称红锅，是将原料投入各种有色调味汁中加热，使原料上色，以增加其色泽美的烹调方法。走红的方法有以下3种：

①以水为介质的走红方法。把焯水或走油后的原料放入锅中，加入酱油、料酒、糖色等，用小火加热到原料外表色泽红润。如扣肉的肉皮上色。

②以油为介质的走红方法。将原料表面涂上有色调料，经过煎或炸而上色。

③用炒制的糖色直接上色。如扣肉的肉皮上色。

走红方法的关键：一是必须用小火；二是要防止原料烧焦。

2）焯水

焯水，就是把经过初步加工的原料，放在水锅中加热至半熟或刚熟的状态，随即取出以备进一步切配成形或烹调菜肴之用。

焯水可分为冷水锅和沸水锅两大类。

（1）冷水锅

冷水锅，就是原料和冷水同时下锅。冷水锅既适用于体积大，淀粉含量多、需要长时间熟透的蔬菜类原料，如莴笋、萝卜、芋头、山药等，又适用于因水沸后下锅，原料表面收缩，内部的血污和腥膻气味就不易除去的牛肉、羊肉、大肠、肚子等。

（2）沸水锅

沸水锅，就是将水烧至沸滚的时候，再将原料下入锅中。沸水锅既适用于因体积小、水分含量多、质地脆嫩、颜色鲜艳、翠绿的蔬菜类原料，如菠菜（焯菠菜录像）、绿豆芽等，又适用于腥气小、血污少，蛋白质含量丰富的肉类原料，如鸡、鸭、蹄髈等。

3.9.6 汆的制作实例

汆腰片

【用料规格】猪腰2只，冬笋50克，水发冬菇30克，青菜心50克，榨菜10克，绍酒15克，盐2克，味精1克，酱油2克，芝麻油5克，胡椒粉0.5克，肉汤等适量。

【工艺流程】初加工→汆熟→调味

【制作方法】

①腰子撕去薄膜，平刀劈成两片，劈去腰骚，在每片腰子的内侧顺长每间隔0.2厘米剞上刀纹，然后劈成薄片，用绍酒拌渍。将冬笋、水发冬菇、榨菜切成片，将青菜心洗净，每颗一剖四待用。

②炒锅上火，倒入肉汤烧沸，先将腰片倒入汤中汆熟捞出，放入大碗中，去除汤中血污。再将冬笋片、冬菇片、榨菜片、青菜心等倒入汤中，加入绍酒、盐、味精、酱油等烧沸，去掉浮沫，淋上芝麻油，倒入大碗中，撒上胡椒粉即可。

【制作要点】劈腰片时要厚薄均匀，汆腰片时烫熟即可，不可久煮。

【成品特点】腰片鲜嫩，汤汁清醇。

文思豆腐

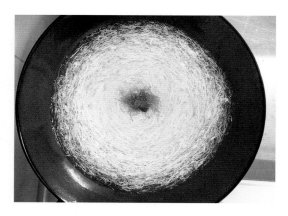

【用料规格】豆腐450克，冬笋50克，鸡胸脯肉50克，火腿25克，香菇25克，生菜15克，盐4克，味精3克，鸡清汤等适量。

【工艺流程】初加工→汆熟→调味

【制作方法】

①将豆腐切成细丝，用沸水焯去黄水和豆腥味，把香菇去蒂、洗净，切成细丝。将冬笋去皮、洗净、煮熟，切成细丝。将鸡脯肉用清水冲洗干净，煮熟，切成细丝。将熟火腿切成细丝。将生菜叶择洗干净，用水焯熟，切成细丝。

②将香菇丝放入碗内，加鸡清汤50毫升，上笼蒸熟。将锅置火上，舀入鸡清汤200毫升烧沸，投入香菇丝、冬笋丝、火腿丝、鸡丝、生菜丝等，加入盐等调料烧沸，盛汤碗内加味精。

③另取锅置火上，舀入鸡清汤调味，沸后投入豆腐丝，待豆腐丝浮上汤面，勾芡盛入汤碗内上桌。

【制作要点】此菜要选用内酯豆腐，香菇、冬笋、火腿、鸡脯肉都切成粗细一致的细丝。

【成品特点】刀工精细，软嫩清醇，入口即化。

清汤捶虾

【用料规格】大虾500克，香菇30克。调料：盐5克，味精2克，干淀粉100克，鲜汤等适量。

【工艺流程】初加工→汆熟→调味

【制作方法】

①大虾去头及身部壳，留尾壳，洗净，用洁布吸去水分。在案板上放入干淀粉，将虾肉放干淀粉上，用小擀面杖将虾逐个捶扁。水发香菇切丝，打结成球放入碗内，加入鲜汤上沸水笼蒸15分钟。

②将捶扁的大虾放入沸水锅汆熟取出，捏去尾壳，用热鲜汤200克套汤1次，盛入汤碗内。再加入热鲜汤、盐、味精等，将蒸过的香菇球取出，放入汤碗内即成。

【制作要点】将大虾捶扁时，用力要均匀，不要捶得太薄，以5分硬币的厚度为宜。香菇球不可太大，如荔枝大小为好。

【成品特点】尾红肉白如玉兰花片，汤汁清澄味鲜。

淡菜萝卜丝氽鲫鱼

【用料规格】活鲫鱼800克，萝卜100克，淡菜30克，姜块30克，葱结30克，黄酒25克，醋100克，盐1.5克，味精1克，熟猪油等适量。

【工艺流程】初加工→氽熟→调味

【制作方法】

①鲫鱼宰杀洗净，削去颌下老皮洗净待用。淡菜用温水泡开，去毛洗净。萝卜切去须，削去皮，切成细丝，入沸水锅焯熟，捞出放入冷水浸泡待用。

②炒锅上火烧热，舀入熟猪油，油烧至七成热时放入姜块、葱结等炸出香味，加清水，氽入鲫鱼，加黄酒、淡菜烧沸。撇去浮沫，移小火略焖，待汤汁乳白时移旺火，加入熟猪油，放入萝卜丝煮沸，加盐、味精等调料，起锅盛入汤碗即可。

【制作要点】

①严格控制火候，以防鲫鱼散碎变形。

②盐不能过早加入，以防止蛋白质过早凝固，影响汤汁乳白。

【成品特点】汤汁乳白味鲜，鱼肉细嫩，萝卜丝清香解腻增味。

氽三片

【用料规格】猪里脊肉150克，鳜鱼脊背肉150克，猪腰200克，笋片50克，水发木耳50克，黄酒20克，葱结10克，姜片8克，盐1.5克，胡椒粉1克，鸡清汤1 000克，熟鸡油10克，冷水等适量。

【工艺流程】初加工→氽熟→调味

【制作方法】

①将猪腰剖成两片，撕去皮膜，劈去腰臊，再将腰片横切两段，劈成薄片，放入葱结、姜片、黄酒浸泡几分钟。将猪里脊肉劈成薄片，用冷水浸泡。鳜鱼肉去皮，劈去胸刺，劈成薄片，放入葱结、姜片、黄酒等浸泡几分钟。

②炒锅上火烧热，舀入熟猪油，油烧至七成热时放入姜片、葱结等炸出香味，加清汤，氽入鱼片、笋片、木耳等烧沸略煮，用漏勺捞起，拣去葱结、姜片，放入汤碗中。再将泡好的肉片、腰片连水倒入锅中，加盐氽透，用漏勺捞起，放在鱼片上面。待锅内汤烧沸，撇去浮沫，加熟鸡油、胡椒粉，起锅盛入汤碗即可。

【制作要点】

①三片中鱼片先氽，氽的程度要掌握好，一般以刚熟为宜，时间长了则鱼肉易碎。

②氽三片要用葱结、姜片、黄酒浸渍去腥。

【成品特点】鱼皮软嫩，肉片鲜嫩，腰片脆嫩，汤清汁醇。

圆氽汤

【用料规格】猪净五花肉500克，茼蒿150克，笋片50克，水发木耳50克，葱姜汁15克，盐2克，味精1克，湿淀粉25克，黄酒5克，虾籽1克，沸水等适量。

【工艺流程】初加工→氽熟→调味

【制作方法】

①将猪肉切成泥状，放入碗内，加葱姜汁、黄酒、虾籽、盐、湿淀粉和适量清水等，用力顺一个方向搅匀上劲待用。

②将肉蓉挤成小圆子氽入沸水锅中，烧沸撇去浮沫，上小火养透，再放入笋片、水发木耳、茼蒿等，上大火烧沸，放入味精、盐等调料，装碗即可。

【制作要点】

①搅拌肉馅加水要适量，顺一个方向搅匀上劲。

②肉圆应用旺火沸水氽入，小火养透至熟。

【成品特点】肉圆鲜嫩，汤汁鲜醇。

刀鱼圆汤

【用料规格】刀鱼500克，绿菜叶100克，葱姜汁30克，黄酒20克，盐3克，鸡清汤1 200克，鸡油5克，清水等适量。

【工艺流程】初加工→氽熟→调味

【制作方法】

①将刀鱼宰杀洗净，切去鱼头，剖成两片，去净内脏，放入清水漂洗干净，劈去龙骨，用刀背将鱼肉敲松，再用刀刃刮下鱼肉，剔去鱼皮和刺骨。砧板上放鲜肉皮，肉皮上放鱼肉，先用刀背排敲成泥状，再用刀轻切成蓉状放入碗内，加葱姜汁、黄酒、鸡清汤搅成糊状，再加盐，搅匀上劲。绿菜叶焯水待用。

②在炒锅中舀入清水，用汤匙将鱼蓉刮挤成小圆子入水锅，然后上小火烧热，待鱼圆变色成熟后离火。另用炒锅上火，舀入鸡清汤，加盐，待汤沸后起锅，倒入大汤碗，放入绿菜叶，用漏勺捞出鱼圆放入汤碗内，淋入鸡油即可。

【制作要点】

①剔净鱼细刺切蓉，搅拌鱼蓉时要顺一个方向搅匀上劲，鱼圆入清水后能立即上浮即说明已经上劲。

②水锅不能立即烧沸，刀鱼圆只宜养熟，以防止鱼圆因汤沸而起孔变老。

【成品特点】刀鱼圆鲜嫩，汤醇厚清澈。

荠菜鱼圆

【用料规格】青鱼1 000克，荠菜500克，猪肥膘100克，鸡蛋清100克，葱50克，鸡清汤1 000克，姜、盐、料酒、鸡精、香油等适量。

【工艺流程】初加工→成形→氽熟

【制作方法】

①将青鱼宰杀制净，取净鱼肉。将荠菜择洗干净，葱、姜拍松，用清水泡葱姜水。

②鱼肉加猪肥膘，荠菜剁成蓉，放鸡蛋清、葱姜水、盐、料酒等顺着一个方向搅打上劲，放鸡精、香油拌匀成荠菜鱼蓉。将荠菜鱼蓉挤成丸子。

③在炒锅中舀入清水，将鱼蓉用汤匙刮挤成小圆子放入水锅，然后上小火烧热，待鱼圆变色成熟后离火。另用炒锅上火，舀入鸡清汤，加盐、鸡精等调料，待汤烧沸后起锅，倒入大汤碗，用漏勺捞出鱼丸放入汤碗内，淋入香油即可。

【制作要点】

①剔净鱼细刺切蓉，搅拌鱼蓉时，要顺一个方向搅匀上劲，鱼圆入清水后能立即上浮说明已经上劲。

②水锅不能立即烧沸，刀鱼圆只宜养熟，以防止鱼圆因汤沸而起孔变老。

【成品特点】色泽翠绿，口味清淡。

课后思考题

1. 氽的种类有哪些？
2. 氽的特点有哪些？
3. 选择3款氽类菜肴实训操作，并从中总结氽的技术难点。

任务10　炖类菜肴

3.10.1　炖的概念

炖是将原料加汤水及调味品，旺火烧沸以后，转中小火长时间烧煮成菜的烹调方法。

3.10.2　炖的种类

炖，可以分为不隔水炖、隔水炖和侉炖3种。

1）不隔水炖（清炖）

不隔水炖法是将原料在开水内烫去血污和腥膻气味，再放入陶制的器皿内，加葱、姜、酒等调味品和水（加水量一般可掌握比原料的稍多一些，如500克原料可加750～1 600克水），加盖，直接放在火上烹制。烹制时，先用旺火煮沸，撇去泡沫，再移微火上炖至酥烂。炖煮的时间，可根据原料的性质而定，一般为2～3小时。

2）隔水炖法

隔水炖法是将原料在沸水内烫去腥污后，放入瓷制、陶制的钵内，加葱、姜、酒等调味品与汤汁，用纸封口，将钵放入水锅内（锅内的水需低于钵口，以滚沸水不浸入为度），盖紧锅盖，不使漏气。以旺火烧，使锅内的水不断滚沸，大约3小时即可炖好。这种炖法可使原料的鲜香味不易散失，制成的菜肴香鲜味足，汤汁清澄。也有的把装好的原料的密封钵放在沸滚的蒸笼上蒸炖的，其效果与不隔水炖基本相同，但因蒸炖的温度较高，必须掌握好蒸的时间。蒸的时间不足，会使原料不熟、少香鲜味道；蒸的时间过长，会使原料过于熟烂、失去香鲜滋味。

3）侉炖

将挂糊过油预制的原料放入砂锅中，加入适量汤和调料，烧开后加盖用小火进行较长时间加热，或用中火短时间加热成菜的技法。工艺流程：选料→切块→挂糊过油→入锅加汤调味→加盖炖制→成菜。技术要领：挂糊过油炸至金黄色，炖制以中火短时间炖7~8分钟最多不超过15分钟。代表菜：侉炖鱼。

3.10.3 炖的技术关键

①原料在炖制开始时，大多不能先放咸味调味品，特别是不能放盐，如果盐放早了，由于盐的渗透作用，会严重影响原料的酥烂，延长成熟时间。因此，只能炖熟出锅时，才能调味（但炖丸子除外）。

②不隔水炖法切忌用旺火久烧，只要水一烧开，就要转入小火炖。否则汤色就会变白，失去菜汤清的特色。技术要领：

A．选用以畜禽肉类等主料，加工成大块或整块，不宜切小切细，但可以制成蓉泥，制成丸子状。

B．必须焯水，清除原料中的血污浮沫和异味。

C．炖时要一次加足水量，中途不宜加水掀盖。

D．炖时只加清水和调料，不加盐和带色调料，熟后再进行调味。

E．用小火长时间密封加热1~3小时，以原料酥软为止。代表菜：清炖蟹粉狮子头。

③隔水炖时保证锅内不能断水，如锅水不足，必须及时补水，直到原料熟透变烂为止，需要3~4小时。代表菜：鸡炖大鲍翅。

3.10.4 炖的制作实例

清炖蟹粉狮子头

【用料规格】猪肋条肉800克，青菜心12颗，蟹粉100克，绍酒10克，盐20克，味精1.5

克，葱姜汁15克，干淀粉50克，汤等适量。

【工艺流程】初加工→成形→蒸制→烧制→炖制

【制作方法】

①猪肉刮净、出骨、去皮。将肥肉和瘦肉分别细切粗切成细粒，用绍酒、盐、葱姜汁、干淀粉、蟹粉等拌匀，做成大肉圆，将剩余蟹粉分别粘在肉圆上，放在汤里，炖50分钟，使肉圆中的油脂溢出。

②将切好的青菜心用热油锅煸至呈翠绿色取出。取砂锅1只，锅底安放一块熟肉皮（皮朝上），将煸好的青菜心倒入，再放入蒸好的狮子头和汤汁，上面用青菜叶子盖好，盖上锅盖，上火烧滚后，移小火上炖20分钟即成。食用时将青菜叶去掉，放味精，连砂锅上桌。

【制作要点】选用五花肉，肉馅搅拌上劲，炖时火要小。

【成品特点】肉圆肥而不腻，青菜酥烂清口，蟹粉鲜香，肥嫩异常。

清炖全鸡

【用料规格】肥嫩母鸡1只，水发香菇15克，盐6克，味精3克，姜片2克，绍酒20克，清水等适量。

【工艺流程】初加工→调味→炖制→蒸制

【制作方法】

①将鸡宰杀煺毛，从背部剖开，掏出内脏，洗净，在沸水锅中烫过，鸡腹部向上，头盘向身旁，脚剁去爪尖，屈于内侧，放入炖钵内。

②背上放香菇，加入盐、味精、清水、绍酒等，用棉纸或牛皮纸将炖盅封严，用旺火烧20分钟后改中火炖1小时取出，移入汤碗上席。

【制作要点】中火久蒸，炖盅封严。

【成品特点】鸡肉软烂爽滑，汤清汁甘，不油不腻，香醇鲜美。

炖 蛋

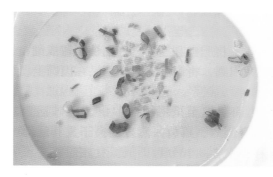

【用料规格】鸡蛋5个，熟猪油100克，虾米10克，干贝10克，火腿丁50克，咸肉丁50克，盐、味精、葱花等适量。

【工艺流程】初加工→调味→炖制

【制作方法】将鸡蛋敲入大碗中打散，加入虾米、干贝、火腿丁、咸肉丁、盐、味精、葱花等调匀。在碗中缓缓加入温水，一边加一边搅动，最后放熟猪油，入锅隔水蒸约10分钟即可。

【制作要点】

①炖蛋宜用中火，保持蛋液成熟一致，鲜嫩如豆腐。

②切忌蒸制时间过长，防止起孔变老。

【成品特点】色泽乳黄，松软滑嫩，清香滑口。

虫草鸭子

【用料规格】光嫩肥壮鸭1只（约1750克），虫草20克，黄酒15克，葱结、姜块（拍松）各10克，盐、味精各3克，沸水等适量。

【工艺流程】初加工→炖制→调味→装盘

【制作方法】

①将光鸭去掉舌、掌（另做他用），从鸭颈背面顺长割一刀，去其鸭嗉。再在鸭背面尾部横割一刀，挖除内脏，去掉尾部鸭臊粒，然后洗净，放入沸水锅中焯水，除净血腥水，盛在蒸钵内。

②用温水将虫草浸泡约10分钟，用手轻轻搓洗去其泥沙杂质后洗净捞出。

③将鸭腹朝天，用尖头竹签斜起从鸭腹部上戳成一个一个的小孔，深约1.2厘米，再把

虫草头部（粗的一端）一根根地插入鸭腹上戳好的孔内，尾部露在外面。全部插好后，将鸭腹朝下，装入大扣碗中加黄酒，放葱结、姜块等，用鲜汤浸没。先用大火烧开，再用小火炖2小时，至骨骼翘裂为度。

④上桌时，再把鸭腹朝上，放在大汤碗中，拣去葱姜不要，加少许细盐、味精调好鲜咸味即成。

【制作要点】

①将鸭臊剔除，用沸水焯鸭，去净鸭腥血臊。

②炖制鸭子，保持原汁原味原鸭香。

【成品特点】鸭肥肉酥，汤清味鲜。

冰花燕窝

【用料规格】干燕窝、冰糖等。

【工艺流程】初加工→蒸制→炖制→装盘

【制作方法】

①将燕窝用温水泡发后，把燕窝丝捞出，放入碗中，碗放入蒸笼，蒸15分钟。

②锅中放入水、冰糖，用大火熬至糖水滚开后，除去泡沫，放入燕窝，炖制熟烂即可。

【制作要点】

①蒸制要用大火。

②炖制火候要把握好。

【成品特点】燕窝飘浮，入口滑嫩。

火腿炖百页

【用料规格】老百页400克，金华火腿200克（或者其他火腿、腊肉、腊肠均可），蒜、姜丝、葱花、盐、味精等适量。

【工艺流程】初加工→炒制→炖制→装盘

【制作方法】

①将老百页切成约0.5厘米厚片，火腿切成和百页差不多大的薄片待用。

②待锅烧热之后，倒入油，然后加入蒜和姜丝爆锅。将老百页和火腿倒入锅中，翻炒。翻炒之后在锅中加入水，大火烧开，文火炖制。

③待炖至汤汁少时，调入盐和味精，加入葱花等，收汁即可。

【制作要点】

①炒制火候要把握好。

②炖制时间要控制好。

【成品特点】红白分明，口味咸鲜。

笋干老鸭煲

【用料规格】隔年老鸭1 500克，天目山笋干200克，陈年火腿100克，野山粽叶50克，煲鸭药料10克，高汤1 000克，葱、姜、盐、味精、黄酒等适量。

【工艺流程】初加工→炖制→调味→装碗

【制作方法】

①将老鸭宰好、煺净，放入沸水锅焯去血污，挖掉鸭腺，洗净。

②将粽叶、老鸭、笋干、火腿放入砂锅，加入葱、姜、黄酒、高汤、老鸭原汤、药料包，用文火炖4~5小时，拣去粽叶、葱、姜，用盐、味精调好味即可。

【制作要点】

①鸭腺一定要去除干净。

②炖制火候要把握好。

【成品特点】汤醇味浓，油而不腻，酥而不烂。

课后思考题

1. 炖的种类有哪些？

2. 炖的特点有哪些?

3. 选择3款炖类菜肴实训操作,并从中总结炖的技术难点。

任务11 甜菜

淮扬菜中的甜菜口味香浓,甜而不腻,用料讲究,烹法多样,大致有挂霜、拔丝、蜜汁等。

3.11.1 挂霜的概念

挂霜是将经过油炸、炒制或烤制的小型厚料粘上一层似粉似霜的糖粉的一种甜菜烹调方法。

3.11.2 挂霜的种类

根据挂霜的程度分为暗霜和明霜两种。

暗霜是原料表面霜色较薄,基本能透明到原料。其操作是:在拔丝的基础上,糖粒充分溶开,锅中气泡由大转小时倒入原料拌匀,冷却后在原料外表凝结一层暗淡的白霜。

明霜是原料表面霜色较厚、几乎不能透明内部原料。其操作是:在水拔的基础上,糖粒完全溶解后即倒入原料,随即倒入糖粉,拌匀起锅,或原料沾上糖液后倒在糖粉中,用手拌匀,冷却后原料外层滚沾上厚厚的一层糖粉。用此法也可制成"异色霜",即将糖粉换成咖啡粉、可可粉、巧克力粉等。

无论用哪种方法挂霜,在挂霜时,应注意以下几个问题:

①挂霜的原料最好用烤制或盐炒、砂炒成熟,这样糖液容易裹均匀。用油炸的原料要用口纸将外表油吸掉,以免糖液挂不均匀。

②熬糖时用水而不用油。

③正确掌握原料入锅的时间。

④有外皮的原料,成熟后要去掉外皮。

3.11.3 挂霜的特点

挂霜的特点:色泽洁白、香甜酥脆,是宴席中常见的菜肴。挂霜的代表菜有:挂霜生仁、挂霜桃仁、可可开心果、巧克力腰果等。

挂霜是制作甜菜的烹调方法之一,它是以蔗糖水溶液,通过加热不断蒸发水分,达到饱和状态后蔗糖重新结晶的原理来实现烹调技法的。行业中把这一加热过程称为"熬糖"。对于初学者,看似神秘,很难把握。要掌握挂霜技术,首先应搞清挂霜工艺的机理,找到科学依据。

蔗糖具有较强的结晶性,其饱和溶液经降低温度或使水分蒸发便会有蔗糖晶体析出。挂霜就是将蔗糖放入水中,先经加热、搅动使其溶解,成为蔗糖水溶液,然后在持续的加热过程中,水分被大量蒸发,蔗糖溶液由不饱和到饱和,然后离火,放入主料。经不停地炒拌,饱和的蔗糖溶液即粘裹在原料表面。因温度不断降低、冷却，蔗糖迅速结晶析出，形成洁白、细密的蔗糖晶粒，看起来好像挂上了一层霜一样。挂霜熬糖的机理就在于此。

3.11.4 挂霜的技术要领

掌握挂霜的工艺流程和操作要领，是制作挂霜菜肴的关键。以下为挂霜的工艺操作要领：

①挂霜前对主料进行初步熟处理。初步熟处理主要是通过炒、炸、烤等方法，使原料口感达到酥香或酥脆或外酥里嫩或外酥里糯，这样配合糖霜的质感，菜肴才有独特的风味。如通过油炸成熟，必须吸去原料表面的油脂，以免挂不住糖霜。

②熬糖时，最好避免使用铁锅，可选用搪瓷锅、不锈钢锅等，以避免影响糖霜的色泽。

③熬糖时，糖和水的比例要掌握好，一般为3∶1，不要盲目地多加水，原则是蔗糖能溶于水即可。因为，蔗糖的溶解度较大，如在100 ℃时，100毫升水能溶解483克蔗糖。水放得太多，会增加熬糖时间，没有必要。另外，要保证蔗糖溶液的纯度，不要添加蜂蜜、饴糖等其他物质，否则会降低蔗糖的结晶性，影响挂霜的效果。

④熬糖时，火力要小而集中，火焰覆盖的范围最好小于糖液的液面，使糖液由锅中部向锅四周沸腾。否则，锅边的糖液易焦化变成黄褐色，从而影响糖霜的色泽。

⑤鉴别糖液是否熬制到可挂霜的程度，一般有两种方法：一是看气泡，糖液在加热过程中，经手勺不停地搅动，不断地产生气泡，水分随之不断地蒸发，待糖液浓稠至小泡套大泡，同时向上冒起、蒸汽很少时，正是挂霜的好时机。二是当糖液熬至浓稠时，用手勺或筷子沾起糖液使之下滴，如呈连绵透明的固态片、丝状，即到了挂霜的时机。熬糖必须恰到好处，如果火候不到，难以结晶成霜。如果火候太过，一种情况是糖液会提前结晶，俗称"返沙"；另一种情况是熬过了饱和溶液状态，蔗糖进入熔融状态（此时蔗糖不会结晶，将进入拔丝状态），都达不到挂霜的效果，甚至失败。

⑥当糖液熬至达到挂霜程度时，炒锅应立即离火，倒入主料，手握分散的筷子迅速炒拌，使糖液快速降温，结晶成糖霜。炒拌时，要尽可能使主料散开，糖液粘裹均匀。如果蔗糖结晶而原料粘连，应即时将原料分开。

⑦如果挂霜要赋予其如怪味、酱香、奶油等口味，必须在熬糖挂霜前对主料进行调味处理，并保证原料表面干燥。不可将其他调味料放入糖液中同熬，否则糖液将无法结晶。

3.11.5 挂霜的制作实例

挂霜生仁

【用料规格】花生米300克，白糖100克，白米石子500克，清水等适量。

【工艺流程】炒制生仁→熬制糖浆→生仁滚沾糖浆→冷却成霜

【制作方法】

①将花生米、白米石子分别洗净，一同放入炒锅内，上中火炒制酥脆，用漏勺筛出花生米，脱去花生米外皮待用。

②炒锅上中火，倒入清水和白糖，待炒至糖水冒泡，将花生米倒入颠翻炒锅，离火用手勺不停地翻动，凉透见霜状时，装盘并装饰即成。

【制作要点】

①炒制花生时，宜放入吸热较快的石子，这样能避免花生炒焦。

②熬糖汁时加适量水（过多不易熬尽，过少糖汁不易熬透），用小火熬至水分将尽，糖汁初起小泡，后转大泡，此时即可投入原料挂匀糖汁，熬过头或不足均难以挂霜成形。

【成品特点】色白如霜，香甜酥脆。

挂霜桃仁

【用料规格】核桃仁300克，葡萄糖粉100克，白糖200克，口纸3张，色拉油等适量。

【工艺流程】桃仁浸泡去皮→炸制→吸油→熬制糖浆→桃仁挂浆→加入糖粉→搅拌均匀→冷却装盘

【制作方法】

①将桃仁放入沸水浸泡10分钟取出，用牙签拨去桃仁皮，洗净。

②炒锅上火，舀入油，待油温烧至五成热时放入核桃仁，炸至核桃仁呈淡黄色，轻浮油面时，倒入漏勺沥油，再放入盘中用口纸吸干油分。

③炒锅复上火，放入清水，加入白糖烧沸，用手勺不停搅动，待糖汁起稠，勺头有粘丝状，锅离火，放入桃仁，用锅铲炒匀，待糖汁紧裹桃仁，再放入葡萄糖粉，搅拌至核桃仁成颗粒状，倒入盘中晾开，待冷却后装盘并装饰。

【制作要点】

①桃仁炸制时，油温一定要控制好，否则容易变焦。

②熬糖汁时，要注意糖汁的变化，及时离火，熬过头或不足均难以挂霜成形。

【成品特点】糖霜洁白，桃仁酥脆甜松。

3.11.6 拔丝的概念

拔丝是将经过油炸后的小型原料，挂上熬制好的糖浆，食用时能拔出丝来的一种甜菜烹调方法。

3.11.7 拔丝的种类

常用的拔丝方法有水拔、油拔、混合拔3种。

①水拔是以水作为传热介质，用中小火熬制糖液的一种方法。水拔色泽好，火候易掌握，适于初学者。

②油拔是以油为传热介质，用油来溶化糖的一种方法。油拔传热快，加热时间短，成丝明亮细而长。但是，油的升温快，沸点高，糖遇高温极易上色，是拔丝难度较大的一种。

③混合拔（水、油拔）是在炒锅内先放少许油滑锅，再加入适量的水，水沸后加糖以中小火进行熬制。成丝色泽微黄，丝长且脆。

3.11.8 拔丝的特点

拔丝的特点：甜香，外脆酥软。

熬糖时要防止返砂和糖焦化：糖由晶粒到能拔出丝来，实际上经历了3个阶段：一是溶化阶段。大量冒泡，基本无色，气泡大而不均匀。二是浓稠阶段。开始泛出米黄色，大气泡逐渐减少。三是稀薄阶段。颜色加深，气泡变得小而密，表面平静，此时是投料拔丝的最佳时机。

返砂是糖变成液体后又变成砂糖。水拔法最可能出现这种现象，原因是糖溶于水成糖液，当所加水蒸发完时，火不够旺，搅动不及时，则可能还原成砂糖。此时再搅，部分糖黏附在勺上，底下部分快速变色烧焦。油拔炒糖必须使糖粒彻底溶化，不能留下未溶化的颗粒，否则会影响出丝。油拔时如火候掌握不当，很可能出现部分糖粒未溶化，另一部分糖液已转色变焦的现象。

油炸、熬糖要同步进行。拔丝的原料在复炸时，要尽量与熬糖同步进行。如果事先将原料炸好，糖热料冷，会使糖液迅速凝结，影响拔丝的效果。油炸的原料在入锅时，必须沥去油分，否则会使糖液难以均匀地包裹到原料上。

盛装盘子要先抹油。盛装拔丝菜肴的盘子，要事先抹上油，以避免糖液粘住盘。

拔丝菜肴上桌的速度要快。如果稍有迟缓，就可能拔不出丝来。

拔丝菜肴配以凉开水碗同上。因为拔丝菜的温度很高，并有一定黏度，不小心很容易灼伤食客的嘴唇，如将拔丝菜蘸以凉开水再食用，会更加香脆爽甜，同时可以避免灼伤的危险。

3.11.9 拔丝的技术要领

①主料油炸可以采用清炸、挂糊炸、拍粉炸。
②糖溶化的方式可以采用以上任意一种方法。
③盘子要事先要涂上一些油，出菜时要配冷开水。

3.11.10　拔丝的制作实例

拔丝苹果

【用料规格】苹果350克，白糖150克，花生油750克，熟芝麻10克，鸡蛋1个，干淀粉150克。

【工艺流程】初加工→炸制→拔丝

【制作方法】

①将苹果洗净，去皮、心，切成3厘米见方的块。鸡蛋打碎在碗内，加干淀粉、清水调成蛋糊，放入苹果块挂糊。

②锅内放油烧至六成热，下苹果块，炸至苹果外皮脆硬，呈金黄色时，倒出沥油。

③原锅留油25克，加入白糖，用勺不断搅拌至糖溶化，糖色成浅黄色有粘起丝时，倒入炸好的苹果，边颠翻，边撒上芝麻，即可出锅装盘。

【制作要点】

①苹果裹糊要均匀，不能脱糊。

②熬糖时，要注意色泽，熬嫩拔不出丝，熬老糖易焦化发苦。

【成品特点】糖丝细长，苹果香甜软嫩。

3.11.11　蜜汁的概念

蜜汁是将加工的原料或预制的半成品和熟料放入调制好的甜汁锅中或容器中，采用烧蒸、炒、焖等不同方法加热成菜的技法。

工艺流程：选料→加工→入锅加热→盛入盘内

特点：糖汁肥浓香甜，光亮透明，主料绵软酥烂入口化渣。

糖汁中可适当加入桂花酱、玫瑰酱、椰子酱、山楂酱、蜜饯品、牛奶、芝麻等。

3.11.12　蜜汁的种类

蜜汁的调制先用糖和水熬成入口肥糯的稠甜汁，再和主料一同加热，由于原料的性质和成品的要求不同，加热的方式有以下几种：

1）烧法、焖法

将锅上火，放少许油烧热，放糖炒化，当糖溶液呈浅黄色时，按规定比例加入清水，烧开。放入经加工的原料，再沸后改用中小火烧焖，至糖汁起泡黏性增大，呈稠浓状时，主料也已入味成熟时即出锅。

2）蒸法

将加工的原料与糖水一起放入容器内，入笼屉。用旺火烧至上汽后改用中火较长时间加热，蒸至主料熟透酥烂下屉。将糖汁浇入锅内，主料翻扣盘中。旺火将锅内糖汁收至稠浓，浇在盘内主料上。

3）炖法

将糖和适量水放入锅内，烧至糖熔化后，然后将预制酥烂的主料放入。再沸后改用小火慢炖，等到糖汁浓稠、甜味渗入主料内部并裹匀主料时即可。

3.11.13 蜜汁的制作实例

蜜汁芋芀

【用料规格】芋芀1 000克，桂花卤2克，蜂蜜100克，白糖200克，食碱20克，湿淀粉50克，水等适量。

【工艺流程】初加工→烧制→蒸制

【制作方法】

①芋芀削去皮不洗（有水分就黏滑），切成梳背块，去棱角再修成菱米形，洗净。

②炒锅上火，舀清水烧开后放碱，放入芋芀烧沸1分钟捞起，放在筛子内摊开，经风吹凉后即变成红色。

③芋芀排入碗内，加少量水上笼蒸5分钟取下，滤去水（去碱味），放入白糖、桂花卤等，复蒸至烂，取出滤去糖水，倒入盘内。

④炒锅上火，舀入少许水，加入蜂蜜、白糖、桂花卤等烧开，用湿淀粉勾芡，起锅浇在芋芀上即可。

【制作要点】

①芋芀经碱水余后要吹晾使其上色。

②蒸时必须套2次水才能除去碱味。

【成品特点】色红香糯，汁浓甘甜。

蜜汁甜桃

【用料规格】甜桃1 000克，白糖250克，糖桂花1克，湿淀粉15克，水等适量。

【工艺流程】初加工→蒸制→调味

【制作方法】

①用刀将桃子一剖为两半，放入水锅煮透置于水中浸凉。去皮核后再将桃片轻拍，斜劈两刀，依次排入碗内，逐层撒白糖，再放入糖桂花，盖上盖盘，上笼旺火蒸透取下，滗去汁水，翻扣在盘内。

②炒锅上火，舀清水、白糖等烧沸，用湿淀粉勾芡，浇在甜桃上即可。

【制作要点】

①桃子要选用完好无损、汁多味甜的上品桃子。

②去皮、核后要用刀拍一下，以便浸渍入味。

【成品特点】甜香入味，口味微酸。

蜜汁山药

【用料规格】山药500克，白糖150克，桂花酱10克，食用油等适量。

【工艺流程】初加工→炸制→熬糖→炒制

【制作方法】

①戴上手套，将山药洗净、去皮，切成1厘米见方、5厘米长的长条，用水浸泡，避免氧化发黑，用之前捞出沥干。

②在锅中放入油，烧至六成热时，放入山药段用中火炸至变黄捞出，沥干油。

③将锅中的油倒出，洗净锅，放入适量的水（约100毫升），放入糖熬化。

④熬到糖水变浓像糖浆时，放入山药炒匀，加入桂花酱等炒匀即可出锅。

【制作要点】

①山药清洗要干净。

②炸制油温要把握好。

③熬糖时间要控制好。

【成品特点】色泽金黄，口味香甜。

蜜汁南瓜

【用料规格】南瓜500克，白糖150克，蜂蜜10克，色拉油50克，姜片10克，温水等适量。

【工艺流程】初加工→蒸制→熬糖→装碗

【制作方法】

①南瓜去皮、洗净、切丁，用温水浸泡待用。

②将切好的南瓜片整齐地放入盘里，加入生姜片，入蒸笼蒸15分钟。

③取出、去掉生姜片，轻轻扣入碗里。

④锅洗干净，上火放少许底油，加适量水、白糖、蜂蜜等小火熬制成浆，浇在南瓜上即可。

【制作要点】

①南瓜要用温水浸泡。

②蒸制时间要充足。

③熬制火候要把握好。

【成品特点】口味香甜，质地酥烂。

3.11.14 其他甜菜的制作实例

白雪银耳

【用料规格】银耳200克，鸡蛋清200克，冰糖100克，水等适量。

【工艺流程】初加工→蒸制→调味

【制作方法】

①银耳用七成热的水泡开，择去老根，撕成水瓣，放入碗中，加水上笼蒸20分钟取下，滗去水，在盘中凉开。将鸡蛋清放入盘内，顺着一个方向抽打成泡沫，放入笼中蒸2分钟取下。

②将冰糖放入碗内，加水，上笼盖好，溶化后取下，用糖筛滤去杂质，倒入汤碗中，推入白雪银耳即可。

【制作要点】搅打发蛋一气呵成，蒸时要放气，现做现吃。

【成品特点】银耳软韧，晶莹透亮，汤汁甜纯，上浮蛋白，洁白如雪。

八宝饭

【用料规格】糯米500克，赤豆100克，桂圆肉25克，瓜子仁5克，糖莲子40克，蜜饯100克，蜜枣75克，桂花5克，白糖200克，猪油200克，水等适量。

【工艺流程】初加工→蒸制→装盘

【制作方法】

①将糯米淘洗干净，用冷水浸4~5小时，捞出沥干，散入垫有湿布的笼屉内，不要加盖，用大火蒸到冒气、糯米呈玉色时，洒遍冷水，使米粒润湿。再加盖，继续蒸约5分钟，一见蒸汽直冒笼顶，即将米饭倒入缸中，加入白糖、猪油和开水拌和。

②将赤豆、白糖、桂花等制成豆沙馅，将桂圆肉撕成长条，糖莲子一分二，蜜枣去核剁成泥，碗内抹猪油。将以上各色原料分别放在碗底排成图案，上面薄薄地铺上糯米饭，中间放豆沙馅，再放上糯米饭与碗口相平，并轻轻抹平。随后把它放入笼屉，用大火沸水蒸到猪油全部渗入饭内，并呈红色时（约需1小时），出屉覆入盘内即成。

【制作要点】

①糯米加水要适量，焖熟即可，不宜太软。

②也可炒好豆沙馅，一层糯米饭夹一层豆沙，以3~4层为宜。

③碗内要抹油，糖油拌饭要均匀。

【成品特点】糯米黏糯，配料香甜，色彩调和，油而不腻。

蜜枣扒山药

【用料规格】山药1 000克，蜜枣10个，板油丁100克，白糖200克，桂花汁1克，湿淀粉50克，熟猪油50克，清水等适量。

【工艺流程】初加工→蒸制→浇汁

【制作方法】

①将山药洗净，放入锅内，加清水以淹没山药为度，用旺火煮，待山药较烂时捞起，去皮，用刀剖成6厘米长、3厘米宽的长方形，拍扁，蜜枣一切为两半去核待用。

②在大汤碗内涂抹熟猪油，碗底排上蜜枣，再排上一层山药，夹一层白糖、板油丁，逐层放至碗口，撒上白糖，扣上盖盘，上笼蒸1小时左右，然后取下，翻身入盘。

③炒锅上火，滤入盘内汤汁，放清水、白糖、桂花汁等烧沸，用水淀粉勾芡，起锅浇至山药上即成。

【制作要点】

①山药要煮透、煮烂。

②在碗内抹上熟猪油。

③制糖卤时炒锅要清洁。

【成品特点】黑白相映，色泽清晰，油润甜美。

琥珀莲心

【用料规格】通心去皮莲子200克，猪板油100克，糖桂花卤2克，桂圆250克，冰糖200克，清水等适量。

【工艺流程】初加工→蒸制→浇汁

【制作方法】

①锅内放入清水1 000克，放入莲子上中火烧沸，移小火焖约15分钟离火，将莲子捞出（汤汁待用）。

②将桂圆剥壳、去核、取肉，用桂圆肉将莲子包起来，排入扣碗内，加莲子原汤、猪板油、冰糖和桂花卤，盖上盖盘。上笼蒸至酥烂，拣去板油，滗下汤汁，将琥珀莲心扣入盘内，浇上汤汁即成。

【制作要点】

①莲子去衣要用热碱水搅打，去衣后入冷水漂洗2～3次去碱味。

②桂圆去核时要保持其完整，不可残碎。

③糖宜后放，保持汤汁清澄。

【成品特点】桂圆棕红油亮，鲜甜柔韧，莲心酥嫩完整，汤汁清醇。

桂花糖藕

【用料规格】生藕1 000克，糯米200克，白糖250克，甜桂花卤1克，干荷叶200克，生猪板油50克，碱30克，湿淀粉15克，清水等适量。

【工艺流程】初加工→煮制→蒸制

【制作方法】

①生藕用水洗净，去枝节，保持藕断完整。将藕段的一头切下，用水洗净藕孔内的脏污，控去水分待用。将糯米淘洗干净晾干，搁置一段时间。从藕的切口处灌入糯米，灌满后用竹扦把切下的藕头连接上，恢复藕段原状，防止糯米散落。

②锅上火，舀入清水，放藕，加入碱。清水要淹没藕段，加盖荷叶，盖上锅盖，煮2小时到藕烂为止。捞起藕，削去藕皮，用刀切成2厘米厚的片整齐地排入涂有熟猪油的大碗内待用。

③将藕碗内加白糖、生猪板油、桂花卤等，盖上盘子，上笼旺火蒸约半小时取出，翻身扣入盘内，滗去糖卤，拣去猪板油。

④炒锅上火，加清水、白糖等烧沸，用湿淀粉勾芡，加甜桂花卤，浇在藕片上即可。

【制作要点】藕煮熟后，随即排入碗内，否则容易发黑，影响感官。

【成品特点】清香软糯，藕质酥烂有度。

翡翠玛瑙

【用料规格】红樱桃100克，蚕豆200克，白糖50克，甜桂花卤1克，冰糖200克，清水等适量。

【工艺流程】初加工→腌制→调味

【制作方法】

①樱桃去柄、核，用水洗净，沥干水分，用糖腌制2小时待用。炒锅上火，舀清水烧沸，放入青蚕豆瓣余熟捞起。

②炒锅再上火，舀清水烧沸，移微火上，倒入冰糖烧沸，撇去冰糖浮沫，收稠卤汁，用汤筛过滤，加甜桂花卤，起锅盛入碗内，倒入樱桃、蚕豆等即可。

【制作要点】

①鲜樱桃用糖腌制，减轻酸味。

②蚕豆焯水一熟即要捞出，保持翠绿。

【成品特点】蚕豆翠绿，樱桃鲜红，香甜爽口。

西米橘络元宵

【用料规格】小西米150克，糯米粉100克，糖水橘瓣100克，白糖150克，甜桂花卤1克，清水等适量。

【工艺流程】初加工→焖制→下元宵

【制作方法】

①用开水将糯米粉拌和成团，搓成细条，用刀切成丁，逐个搓成小元宵待用。西米淘净待用。

②锅上火，舀清水烧沸，放入西米，小火焖透（西米无硬心为好），加白糖，盛入碗内。另用锅，舀入清水浇沸，下入小元宵，待浮起后用漏勺捞起，放在西米上面，加入糖水橘瓣、甜桂花卤等即可。

【制作要点】

①西米要焖透。

②煮元宵应用清水锅。

【成品特点】西米软糯，橘瓣酸甜，元宵白嫩，汤汁清甜。

山药桃

【用料规格】山药750克，枣泥150克，糯米粉200克，红曲水10克，白糖200克，湿淀粉15克，糖桂花1克，熟猪油。

【工艺流程】初加工→制坯→蒸制

【制作方法】

①将山药洗净，上笼蒸烂去皮拓成泥状，放入碗内，加糯米粉拌和揉匀，搓成长条，摘成12个剂子。将剂子擀成圆皮，分别包入枣泥，包捏成桃子，用刀口在一侧压出一道沟纹，在桃尖上刷上红曲水，逐一放在漏勺中。

②炒锅上火，舀入熟猪油烧至油温八成热时，左手拿漏勺，右手用手勺舀油反复浇在桃子上，使之结软壳后放入盘内，上笼蒸10分钟取下。

③炒锅上火，舀入清水，加入白糖。待溶化后，加入糖桂花等，用湿淀粉勾芡，起锅浇在桃子上即可。

【制作要点】

①米粉和山药泥揉和后，软硬要适度，硬则易裂，软则不易成形。

②浇炸油要热辣，才能起到定型的作用。

③蒸制米粉成熟即取下，否则易变形。

【成品特点】形如桃子，甜而细腻，软糯适口。

冰糖哈什蟆

【用料规格】蛤什蟆油50克，银耳100克，冰糖30克，桂花5克，白糖50克，姜水等适量，山楂糕、橘瓣各25克。

【工艺流程】初加工→氽水→调汁→浇汁

【制作方法】

①将蛤什蟆油用水浸泡数小时，摘去杂质，用沸水氽一下，放入冷水中浸泡备用。

②将冰糖、姜水、白糖放入锅中加水溶化，熬黏，放入桂花用冰箱镇凉。将银耳浸泡后洗净，摘成小朵，用开水冲一下，放在冷水中备用。将山楂糕切成小粒。

③取一个大碗，依次放入银耳、蛤什蟆油、山楂糕、橘瓣等，浇上冰凉的冰糖水即可。

【制作要点】

①蛤什蟆油一定要浸泡充分。

②熬糖需要注意火候。

【成品特点】色泽洁白，甜而细腻。

冰糖燕窝

【用料规格】燕窝5克，枸杞子6克，桂圆肉6克，冰糖30克，水等适量。

【工艺流程】初加工→炖制→装碗

【制作方法】

①燕窝用水浸透，镊去燕毛，撕成条状，枸杞子、桂圆肉淘洗干净。

②将燕窝、枸杞子、桂圆肉、沸水等倒进炖盅，炖盅加盖，隔水炖之。

③待锅内水开后，先用中火炖1小时，加入冰糖后再用小火炖20分钟即可。

【制作要点】

①燕窝一定要清洗干净。

②炖制时间要充足。

【成品特点】口感细嫩，口味香甜。

冰糖银耳南瓜

【用料规格】干银耳200克，南瓜500克，冰糖100克，水等适量。

【工艺流程】初加工→炖制→煮制→装盘

【制作方法】

①干银耳泡发，去黄色蒂部分，撕成小块，加水放入炖锅中炖1小时。

②将南瓜去皮去籽，洗净，切成小块，与冰糖等一起放入银耳汤中，炖至南瓜成熟即可。

【制作要点】
①银耳泡发时间要充足。
②南瓜煮制火候要把握好。
【成品特点】黄白相间，口味香甜。

课后思考题

1. 挂霜的种类有哪些?
2. 拔丝的特点有哪些?
3. 选择3款甜菜实训操作，并从中总结甜菜制作的技术难点。

项目 **4**

点心制作

任务1 淮扬点心概述

淮扬点心泛指长江下游江、浙一带地区制作的面点，它起源于扬州、苏州，以江苏最具代表性，故称淮扬点心。淮扬点心的主要代表品种有扬州的三丁包子、翡翠烧卖、苏州的糕团、船点，淮安的文楼汤包，嘉兴的粽子等。

4.1.1 淮扬点心的形成

扬州、苏州是我国具有悠久历史的文化名城，市井繁荣，商贾云集，文人荟萃，游人如织。历史上商贾大臣、文人墨客、官僚政客纷至沓来，带动了两地经济的发展。"春风十里扬州路""十里长街市井连""夜市千灯照碧云""腰缠十万贯，骑鹤下扬州"均是昔日扬州繁华的写照。而清代乾隆年间徐扬所画的《姑苏繁华图》中，也描绘出苏州的奢华。悠久的文化、发达的经济、富饶的物产，为淮扬点心的发展提供了有利的条件。

淮扬点心继承和发扬了本地的传统特色。史料记载，在唐代，苏州点心已经出名，白居易的诗中就屡屡提到苏州的粽子等。在《食宪鸿秘》《随园食单》中也记载了虎丘蓑衣饼、软香糕、三层玉带糕、青糕、青团等。而扬州面点自古也是名品迭出。最负盛名的仪征萧美人，她制作的面点"小巧可爱，洁白如雪""价比黄金"，又如定慧庵师姑制作的素面，运司名厨制作的糕，也是远近闻名，有口皆碑。近现代名厨人才辈出，经过不断创新，不断发展，又涌现出翡翠烧卖、三丁包子、千层油糕等一大批名点，形成了淮扬点心这一中式面点中的重要面点流派。

4.1.2 淮扬点心的主要特点

淮扬点心，因处在我国最为富饶、久负盛名的"鱼米之乡"，民风儒雅、市井繁荣、食物资源极为丰富，为制作淮扬点心奠定了良好的基础，提供了良好的条件。制品色、香、味、形俱佳的特点最为突出。淮扬点心可分为宁沪、苏州、镇江、淮扬等流派，又各有不同的特色。淮扬点心重调味，味厚、色艳、略带甜头，形成了独特的风味。馅心重视掺冻（即用多种动物性原料熬制汤汁冷冻而成），汁多肥嫩，味道鲜美。淮扬点心很讲究形态，如苏州船点，形态甚多，常见的有飞禽、走兽、鱼虾、昆虫、瓜果、花卉等，色泽鲜艳、形象逼真、栩栩如生，被誉为精美的艺术食品。

1）风格复杂，品种繁多

就风味而言，淮扬点心包括苏锡风味、淮扬风味、宁沪风味、浙江风味等，其品种相当丰富，《随园食单》《扬州画舫录》《邗江三百吟》等著作中都有记载。经过近现代名厨的传承、创新、发展涌现出了一大批名店、名点，在中式面点制作中享有盛誉。

2）技法细腻，制作精美

在淮扬点心制作中，形态总体可用"小巧玲珑"4个字概括。如特有的面点品种——"船点"。相传发源于苏州、无锡水乡的游船画舫上。其坯皮可分为米粉点心和面粉点心。成形制作精巧，常制成飞禽、动物、花卉、水果、蔬菜等，形态逼真。面点形态也是以精细为美，如小烧卖、小春卷、小酥点。扬州面点制作的精致之处也表现为面条重视制汤、制浇头，馒头注重发酵，烧饼讲究用酥，包子重视馅心，糕点追求松软等。其中，馅心掺冻"灌汤"是淮扬点心制馅的重要特有技法。

3）选料严格，季节性强

淮扬点心对原料选用严格，对辅料的产地、品种都有特定的要求，选用玫瑰花要求是吴县的原瓣玫瑰，桂花要求用当地的金桂，松子要用肥嫩洁白的大粒松子仁等。一些名特品种还选用有特殊滋补作用的辅料，长期食用有一定的健身作用。例如，松子枣泥麻饼，有润五脏、健脾胃的作用。

淮扬点心历来注重季节性，四时八节均有应时面点上市，形成了春饼、夏糕、秋酥、冬糖的产销规律，大部分节令食品都有上市、落令的严格规定。例如，酒酿饼正月初五上市，三月二十日落令。薄荷糕三月半上市，六月底落令等。目前，不再有历史上那样的上市、落令时间的严格要求，但基本上做到时令制品按季节上市。如扬州面点春季供应"应时春饼"；夏季供应清凉的"茯苓糕""冷淘"；秋季供应"蟹肉面""蟹黄包子"等。而《吴中食谱》中记载"汤包与京醇为冬令食品，春日烫面饺，夏日为烧卖，秋日有蟹粉馒头"。浙江等地面点中，春天有春卷，清明有艾饺，夏天有西湖藕粥、冰糖莲子羹、八宝绿豆汤，秋天有蟹肉包子、桂花藕粉、重阳糕，冬天有酥羊面等。面点品种四季分明，应时迭出。

4）善用原料，色香自然

淮扬点心充分利用食品原料固有的颜色、香味为面点制品着色生香，彰显风味。如利用玫瑰花、桂花等的颜色和香味，作为制品着色生香的原料，可以拌入馅心、拌入坯料增加制品香味，也可以撒在制品表层增香添色。又如猪油年糕、方糕等就配用玫瑰借其天然红色，添加桂花点缀出黄色，选用红枣、赤豆使其呈棕红色等。再如青团的绿色、清新香味就是来自于春天碧绿色艾蒿嫩苗叶，由于添加量很多，因此制品带有辅料浓厚的自然风味。

任务2 大众点心

糯米烧卖

【用料规格】精白面粉500克，去皮猪肋条肉150克，糯米500克，熟猪油150克，虾籽15克，白糖25克，酱油100克，姜葱汁50克，清水等适量。

【工艺流程】肋条肉切丁、锅内煸炒→加入调料→糯米蒸熟→拌和均匀→冷却后使用→面粉加沸水调制后淋少量冷水调制成面团→摘剂→擀成烧卖皮→包馅→包成石榴状→蒸制成熟。

【制作方法】

①将糯米淘净，加清水浸泡一夜，冲净。用旺火蒸至米粒呈半透明、入口已熟时取出。将肋条肉切成0.6厘米见方的丁，放入留有底油的锅中煸炒至断生。加入酱油、虾籽、姜葱汁、白糖等煮至入味，倒入清水烧沸。然后倒入蒸熟的糯米炒拌，待汤汁被米饭吸收后，淋入熟猪油拌匀，盛起晾凉备用。

②调制热水面团，摘剂，擀成直径约11厘米、边缘呈荷叶边状的圆形面皮，包制糯米烧卖，使其成为下部鼓圆、上端细圆的花瓶状。

③烧卖用旺火沸水蒸约10分钟，待外皮油亮、不黏手时即可出笼。

【制作要点】

①烧卖面团要用沸水和面。

②烧卖成形呈石榴状。

【成品特点】糯米烧卖形态饱满，皮薄馅多，味鲜卤多，条纹清晰，造型美观。

三丁大包

【用料规格】面粉450克，酵面75克，虾籽3克，去皮猪肋条肉600克，熟鸡肉85克，熟冬笋85克，酱油65克，绵白糖50克，食碱4克，湿淀粉15克，香葱5克，生姜5克，绍酒15克，鸡汤150克，清水等适量。

【工艺流程】肋条肉、鸡脯肉和笋初加工、熟制→切成不同大小的丁→制作馅心→面团调制→制皮→成形→蒸熟装盘

【制作方法】

①馅心调制。将生姜、葱洗净，捣碎后加清水10克浸泡成姜葱水待用。将肋条肉洗净、焯水，煮至七成熟捞出，冷却后切成0.66厘米见方的丁。将熟鸡肉、熟冬笋也分别切成0.83厘米和0.49厘米见方的丁。将炒锅烧热、滑锅，倒入鸡丁、肉丁、笋丁，加绍酒、葱姜汁煸炒。再加入鸡汤、虾籽、绵白糖、酱油等煮沸。最后用湿淀粉勾芡即成。

②生坯成形。将已经对好碱的酵面搓条，下成75克一个的面剂。将剂口向上，按成直径10厘米、中间稍厚、边缘稍薄的圆形面皮。取面皮一张，包入馅心70克，用折捏的方法捏成32道折纹，收口捏拢呈鲫鱼嘴、荸荠形即可。

③成熟。用沸水锅旺火蒸制15分钟。

【制作要点】

①三丁原料切配大小均匀，调味咸淡适中。

②发酵面团软硬适当，膨松胀发。

③正确掌握蒸制时间，确保制品质量。

【成品特点】皮薄馅大，鲜嫩香醇，甜咸可口，油而不腻。

三色糕

【用料规格】糯米500克，细沙馅75克，白糖200克，京糕50克，红果酱75克，熟面粉适量，绿豆沙馅75克，清水等适量。

【工艺流程】糯米淘净、浸泡、沥干→蒸熟成糯米饭→加白糖拌透、晾凉→擀成长方形片→分别铺上细沙馅、绿豆沙馅和红果酱并拢卷起→切成菱形块→装盘

【制作方法】

①用清水将糯米淘净，浸泡2小时，沥干水分，上笼蒸熟，成稍软的糯米饭，出笼后加白糖200克拌匀，晾凉备用。将京糕切成小片。

②在案板上撒上熟面粉，放上糯米饭揉匀，分成均匀的3块，制成长方形，分别铺上细沙馅、绿豆沙馅和红果酱，并分别卷成圆卷。

③将3条卷并拢，用手捏拢成7厘米宽的长方形（长为40厘米），用快刀切成2厘米长的菱形小段，共20段。切面朝上，上笼蒸透，出笼后装盘。盘中随意摆上京糕小片，放入冰箱冷透后上桌食用。

【制作要点】

①三条卷厚薄均匀，卷时要卷紧。

②切块时刀要锋利。

【成品特点】三色三味，又凉又黏。

糯米凉糕

【用料规格】糯米500克，桂花酱25克，白糖150克，红果馅150克，清水等适量。

【工艺流程】将糯米洗净、浸泡→蒸熟→揉碎→将一半熟糯米铺在框底→铺红果馅→将另一半熟糯米铺在上面→切小方块→撒桂花酱→装盘

【制作方法】

①用清水将糯米淘洗干净，浸泡2小时，沥去水分，上笼蒸熟。蒸时适当洒点水。出笼后，用干净白布包上蒸熟的糯米在案板上揉碎。

②取一木框，下面铺上干净的白布，将一半熟糯米铺在框底，铺平，上面铺一层红果馅，再将另一半熟糯米铺在上面，抹平。去掉木框，将糯米糕切成很多块，装入盘内，撒上桂花酱、白糖，冷却后食用。

【制作要点】

①蒸熟的糯米铺在框底要铺平。

②必须冷却后切块装盘。

【成品特点】凉甜酸黏。

麻 球

【用料规格】水磨糯米粉800克，脱壳芝麻100克，富强粉200克，色拉油1 500克，白糖150克，沸水等适量。

【工艺流程】富强粉、糯米粉用沸水分别烫粉→揉成团→包入馅心→六成油温炸制→烫壳捞起→再入锅小"养"→颜色金黄捞起→装盘

【制作方法】

①将富强粉用沸水调成热水面团，然后将糯米粉用沸水和成粉团，再将两种面团一起揉匀揉透，揉上劲，搓成长条后摘成很多个剂子。将每只剂子按扁，窝成酒盅状，包入白糖馅心，收口捏紧，摘去尖端，搓圆后滚上芝麻即成生坯。

②锅上火，放入色拉油，待油温六成热时，放入麻球生坯，炸5分钟，待外壳发硬，捞起滤油，名为烫壳。待油锅内的油冷却到不烫手时，再将麻球全部放入油锅小"养"，并不时地用锅铲翻动，以防互相粘连。15分钟后，麻球全部膨胀成圆球浮起时，将油锅移至大火，用锅铲不停地翻动。约5分钟，见麻球变成金黄色，外壳发硬起脆，即捞起滤去油，装盘。

【制作要点】

①麻球面团要使劲擦透。

②炸制要控制好油温，并注意焐油。

【成品特点】色泽金黄，香脆甜糯。

扬州脆炒面

【用料规格】富强粉面条150克，猪肉丝40克，虾仁40克，鲜笋30克，色拉油、白糖、清汤、味精、韭芽、香油、酱油等适量。

【工艺流程】八成油温炸面条→煸炒笋丝、韭芽调卤汁→倒入上过浆的虾仁→形成浇头盖在面条上

【制作方法】

①将虾仁洗净浆好，鲜笋切成细丝。

②炒锅上火，放入熟猪油。将虾仁过油，倒入漏勺沥油。炒锅复上火，放入肉丝煸炒，再放入笋丝、韭芽、清汤、酱油、白糖等，烧沸入味，放入虾仁、味精等，起锅装入小碗内。

③炒锅复上火，放入色拉油。待油温升至八成热时，将面条投入油中炸制，面条炸脆去油。将小碗内卤汁放入锅内，卤汁吸进后，浇上香油，装入盘内，上面盖上虾仁、肉丝浇头，即可上桌。

【制作要点】

①八成油温炸面条，温度不能过高或过低。

②浇头卤汁厚薄适中。

【成品特点】香、脆、咸、鲜。

八宝饭

【用料规格】红糯米1 000克，赤豆500克，桂圆肉25克，瓜子仁5克，糖莲子40克，蜜饯200克，八宝饭（15张），蜜枣75克，桂花5克，白糖1 250克，猪油200克，冷水等适量。

【工艺流程】浸泡→蒸制→装盘

【制作方法】

①将糯米淘洗干净，用冷水浸4~5小时，捞出沥干，散入垫有湿布的笼屉内，不要加盖，用大火蒸到冒气、米呈玉色时，洒遍冷水，使米粒润湿。再加盖，继续蒸约5分钟，至蒸汽直冒笼顶时，将米饭倒入缸中，加入白糖约400克，猪油和开水（约需400克）拌和。

②将赤豆、白糖、桂花等制成豆沙馅，将桂圆肉撕成长条，糖莲子一分为二，蜜枣去核剁成泥，连同蜜饯、瓜子仁，各分成30份。然后用小碗30只，碗内抹猪油。将以上各色原料分别放在碗底排成图案，上面铺上薄薄的一层糯米饭，中间放豆沙馅，再放上糯米饭与碗口相平，并轻轻抹平。随后把它放入笼屉，用大火沸水蒸到猪油全部渗入饭内，并呈红色时（约需1小时），出屉覆入盘内（如不马上食用，可在冷却后再回蒸）即成。

【制作要点】

①糯米加水要适量，焖熟即可，不宜太软。

②也可炒好豆沙馅，一层糯米饭夹一层豆沙，以3～4层为宜。

③用牛奶代水勾芡，别具风味。

【成品特点】口味香甜，质地软糯。

南瓜饼

【用料规格】南瓜250克，糯米粉250克，奶粉25克，白糖40克，豆沙馅50克，清水等适量。

【工艺流程】蒸制→制坯→成形→炸制

【制作方法】

①用清水将南瓜去皮洗净切片，上笼蒸熟，趁热加糯米粉、奶粉、白糖、猪油等拌匀，揉和成南瓜饼皮坯。

②将豆沙搓成圆的馅心。取南瓜饼坯搓包上馅，压成圆饼。

③锅内注入清油，待油温升至120℃时，将南瓜饼放在漏勺内入油中用小火浸炸，至南瓜饼膨胀捞出。待油温再升至160℃时，下饼炸至发脆时即好。

【制作要点】

①蒸制时间要充足。

②炸制油温要控制好。

【成品特点】色泽金黄，口感酥烂。

葱香烙饼

【用料规格】面粉500克，麻油100克，葱花、盐等适量。

【工艺流程】制坯→成形→烙熟

【制作方法】

①面粉加开水揉透后，摊开冷却，然后搓成长条，揿扁，擀成长方形薄皮坯子。

②在皮子上抹些麻油撒上葱花、盐等卷起来，切成小坯子，再将小坯子揿扁，擀成圆饼待用。

③平锅上火，在饼上刷油，放入锅内用小火烤烙至两面呈金黄色时即可。

【制作要点】

①水与粉的比例要恰当。

②烙饼厚薄均匀。

③烙时火候要把握好。

【成品特点】葱香浓郁，口感酥香。

<h2 style="text-align:center">锅　贴</h2>

【用料规格】肉馅200克，葱花50克，姜末25克，蒜末15克，饺子皮15张，盐10克，酱油10克，白糖15克，香油20克，五香粉2克，白胡椒粉1克，热水等适量。

【工艺流程】制馅→成形→煎制

【制作方法】

①将调味料与肉馅一起搅拌均匀至馅料有黏稠感后，提起拍打馅料数次使其有弹性。

②取适量馅料依序包入饺子皮中，中间蘸水黏合固定，两边留口不黏合，向左右略拉一下，依次包好，整齐地排放在已抹上油的平盘中备用。

③将平底锅预热，倒入适量的油。将锅贴底部压平再整齐排放在锅中。饺子与饺子之间要留有空隙避免粘在一起，以中火略煎至底部呈现金黄色。倒入1杯热水，加热转大火煎至水分收干后，掀盖转中火，再煎至锅贴底部呈现金黄色，且有点焦干时即可熄火盛起食用。

【制作要点】

①馅心要有弹性。

②饺子皮要合拢。

③煎制火候要把握。

【成品特点】色泽金黄，口味咸鲜。

萝卜丝饼

【用料规格】面粉1 500克，猪油200克，白萝卜1 000克，火腿200克，鸡蛋200克，温水等适量。

【工艺流程】制坯成形→炸制→装盘

【制作方法】

①将板油（剥去外衣），切成细粒，葱白切成细粒，鸡蛋打散。将白萝卜去皮刨成丝，加盐拌匀，腌渍30分钟，放在纱布里挤去水分，加麻油调匀。将萝卜丝放在盆里，加板油、火腿末、葱白、味精、白糖、细盐，拌匀成馅心。将馅心分成20份，搓成小圆球。

②取面粉200克，猪油100克拌和搓透，制成干油酥。另用面粉300克，加猪油50克、温水150毫升，拌和揉透，制成水油面。将水油面搓圆擀平，中间放上干油酥，包拢捏紧搓成圆球状。再擀成长方形，分三层折叠在一起，擀成约长4厘米的长条，切成20只剂子。

③将剂子放台上按扁，放入馅心，包拢捏紧，按成圆饼，面上涂鸡蛋液，撒上芝麻，即成酥饼生坯。炒锅上火，放熟猪油，烧至五成热，将酥饼坯放入锅中，用中火余炸，并用竹筷不停翻动，炸8～9分钟，待酥饼浮上油面、呈淡黄色时，捞出装盘。

【制作要点】

①精心制作饼坯，酥层分明，没有硬片，熟后酥脆可口。

②中火温油炸饼坯，避免外煳内生。

【成品特点】色泽金黄，口味咸鲜。

山药桃

【用料规格】山药750克，枣泥、绵白糖各100克，糯米粉200克，湿淀粉15克，糖桂花、

苋菜红各少许，熟猪油等适量。

【工艺流程】制馅→制坯→蒸制→浇汁

【制作方法】

①将山药洗净，下锅煮熟，取出去皮，捣成泥，与米粉一起放入盆中拌匀。

②山药泥做剂子，按成圆皮，放上枣泥馅，做成12个桃子。桃尖上端用苋菜红汁略刷喷色，然后放在漏勺中。

③将炒锅置旺火上，加熟猪油烧至八成热时，用勺舀油反复浇炸桃身，炸至结软壳后放入盘内，上笼用旺火蒸10分钟取出。

④炒锅置旺火上，加清水、白糖烧化，再加糖桂花，用湿淀粉勾芡，起锅浇在桃子上即成。

【制作要点】

①米粉与山药泥的比例要恰当，揉和后要软硬适度，过硬易破裂，过软不易成形。

②浇炸桃子生坯时油要热。

③蒸桃子时，成熟随即取出，否则易变形。

【成品特点】形如桃子，软糯香甜。

阳春面

【用料规格】鸡蛋面条100克，鸡蛋1个，蒜苗3棵，盐、味精、高汤、酱油、香油等适量。

【工艺流程】初加工→煮面→调味

【制作方法】

①将鸡蛋磕入碗内，用筷子打匀。把炒锅置于火上，放入花生油烧热，倒入蛋液摊成蛋皮，取出切成细丝。蒜苗洗净，切成3厘米的段。

②锅中加水烧开后，下鸡蛋面条煮熟，捞出盛在碗内，撒上蛋皮丝、蒜苗段。

③将高汤倒入炒锅中烧开，撇去浮沫，用盐、酱油、味精等调味，再滴些香油，浇在面条上即可。

【制作要点】煮面时要把握好火候。

【成品特点】汤清味鲜，清淡爽口。

鱼汤面

【用料规格】高筋面粉1 000克，鲫鱼500克，白酱油15克，虾籽2克，鳝鱼骨500克，白胡椒粉1克，姜5克，绍酒5克，香葱10克，青蒜花10克，熟猪油10克，清水等适量。

【工艺流程】初加工→制汤→制面条→成熟

【制作方法】

①先将鲫鱼去鳞鳃，除内脏，洗净沥干。将锅烧热，放入熟猪油，至八成熟时，将鱼分两批投入炸酥，不能有焦斑。另将鳝鱼骨洗净后放入锅内，用少量油煸透。

②在锅内放清水，烧开时把浮上的水泡沫打清，再将炸好的鲫鱼和鳝鱼骨一起倒入烧沸，待汤色转白后加入熟猪油，大火烧透，然后过滤鱼渣，成为第一份白汤。

③将熬过的鱼骨倒入铁锅内。先用文火烘干，然后将3次白汤混合下锅。放入虾籽，绍酒、姜葱烧透，用细汤筛过滤即成。把面粉加水揉成面团，用细刀切成细面条。

④将面下入沸入锅后，不要搅动，当其从锅底自然漂起后，捞出用凉开水冲刷一下，再入锅复烫即捞出。在碗内放熟猪油、白酱油和少许青蒜花，捞入面条，舀入沸滚的鱼汤即成。

【制作要点】

①炸鱼要注意火候。

②面和得稍硬一些，夏季可少放些水，其他季节可多放些水。

【成品特点】汤白汁浓，滴点成珠，营养丰富，清爽可口。

课后思考题

选择3款面点作品进行实践操作并总结其制作要点。

任务3　**筵席点心**

鸳鸯饺子

【用料规格】富强粉500克，猪肋条600克，火腿末50克，虾仁末50克，温水等适量。

【工艺流程】绞碎、调味→调制温水面团→揪剂→制饺皮→包馅→捏成鸳鸯形状→摆放花色原料→蒸制成熟

【制作方法】

①猪肉绞碎，加调味品搅打上劲，成馅心。

②将面粉用温水调成面团，揉透后稍饧，摘成面坯40只。用擀面杖擀成直径10厘米的圆形皮坯，包入馅心，将皮坯对折，使其成两个半圆形。将上端捏合后，再将头部捏扁，使其和边缘成直角。用两手的拇指和食指，将另外两端和中端捏合，使生坯形成大小相同的两个扁圆形的洞。在洞内分别放上少许火腿末、虾仁末等。

③上笼后，用旺火沸水蒸约5分钟即可出笼。

【制作要点】调制温水面团要稍硬，使制品成熟时不变形。

【成品特点】形似鸳鸯，色彩鲜艳，外形美观，馅心鲜美。

菊花酥饼

【用料规格】富强粉250克，熟猪油1 000克，硬枣泥馅、鸡蛋液等适量。

【工艺流程】调制水油面和干油酥→包酥→切成6厘米见方的酥皮→包捏收口朝下→用刀在四周均匀切开→翻转90°刀口朝上→温油炸制

【制作方法】

①调制水油面和干油酥，擀成油酥面团。

②切成6厘米见方的酥皮10张。

③将酥皮四周涂上鸡蛋液，中心放上馅心15克，收口捏紧朝下，按扁成圆饼状。

④用快刀在圆饼四周切成10多个口子，间距要均匀，用手将切开的面条逐个翻转90°，切口向上，露出酥层和馅心，即成菊花酥饼生坯。

⑤生坯入油锅炸至开酥，成熟，捞出沥油，装盘即可。

【制作要点】

①干油酥与水油面的配比要适当。

②圆饼四周切口子的刀要快。

【成品特点】酥松香甜，酥层清晰，造型美观雅致，形似菊花。

酥 盒

【用料规格】富强粉500克，熟猪油1 000克，细沙馅300克，鸡蛋1个，水等适量。

【工艺流程】擦干油酥→揉水油面→起酥→切成油酥坯皮→包馅→合上另一片坯皮→捏成圆盒状→温油炸制

【制作方法】

①熬制豆沙馅心。

②调制水油面和干油酥，制成小包酥。擀成长方形薄片，然后由两边向中间叠为3层，叠成小长方形。再将小长方形擀成大长方形，顺长边由外向里卷起卷紧，卷成圆柱形。

③用快刀将圆柱形面团横切成4节，横截面朝上，按扁，轻轻擀成圆皮，在圆皮内侧四周涂上鸡蛋液，将馅心放在皮子的中间，还要把它按扁。再用另一张皮子盖上，四边要吻合。然后捏紧两层边皮的收口处，用食指推捏出绳状花边，接头处用鸡蛋液粘牢。

④四成油温炸5～7分钟，炸至膨大时将油温控制在八成热，待成品浮起，即熟。

【制作要点】

①起酥必须小包酥。

②食指推捏出的绳状花边要细。

【成品特点】层次分明，纹路清晰，口味鲜嫩，酥松香甜。

枣泥拉糕

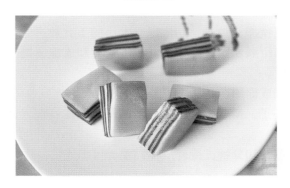

【用料规格】糯米粉300克，熟猪油80克，粳米粉200克，白糖250克，红枣300克，瓜子仁10克，细沙馅100克，糖猪板油丁100克，糖玫瑰花等适量。

【工艺流程】糯米粉、粳米粉拌和成镶粉→白糖、水拌制糕粉→装入梅花形模具一半→撒上馅心→铺上另一半糕粉→蒸制成熟

【制作方法】

①将红枣去核搓泥，浸泡半小时，上笼蒸熟，用细眼筛筛去枣皮成枣泥。将枣泥、细沙馅、白糖、水等加热，变稠后稍微冷却，放入两种米粉，拌和均匀成厚糊状。

②取梅花形模具12只，内壁涂油，底部放几个糖猪板油丁和瓜子仁，将拌好的厚糊分别装进模子，上笼蒸熟后取出，花形朝上，装盘后再加少许糖玫瑰花，即成。

【制作要点】

①红枣去皮、去核要干净。

②糯米粉、粳米粉配比要适当。

【成品特点】糕质松软细腻，口味香甜，枣香浓郁。

蟹黄汤包

【用料规格】高筋面粉500克，猪后臀肉400克，猪肋条肉400克，光鸡1只，螃蟹肉200

克，猪肉皮250克，浓鸡汤1 000克，虾籽5克，绵白糖50克，酱油100克，盐25克，葱花25克，绍酒25克，姜末15克，食碱3克，冷水等适量。

【工艺流程】光鸡、猪筒子骨、肉皮、冷水→文火炖焖，切成小粒→煮成汤冻→面粉、冷水制成稍硬面团→摘剂→擀皮→包馅→蒸制成熟

【制作方法】

①将后臀肉和猪肉皮洗净，焯水，切成绿豆大小的丁，放进原汁浓鸡汤内，同时加入虾籽、酱油、葱花、姜末、绍酒、盐，熬至汤汁收浓，冷却成冻，捣碎备用。熬制蟹黄，使其上劲，加入皮冻拌匀即可。

②将面粉加入冷水调成面团，备用。

③搓条，摘成40只坯子，擀成直径约10厘米的圆形面皮，包入馅心，用右手拇指和中指捏成鲫鱼嘴形收口即成。

④生坯用旺火沸水蒸约10分钟，待外皮不黏手即可出笼。

【制作要点】

①正确掌握冻蓉馅的制作方法和软硬度。

②擀皮大小适当，包子收口要紧。

③蒸制时间不宜过长，防止露馅。

【成品特点】外形美观，皮薄卤多，味鲜汁浓。

火腿锅饼

【用料规格】富强粉250克，香油25克，熟火腿50克，色拉油1 000克，鸡蛋1个，葱25克，熟精肉50克，味精、清水等适量。

【工艺流程】葱、火腿、熟精肉切丁→调制馅心和鸡蛋面糊→烙成蛋饼→制成锅饼生坯→用少许油炸至锅饼上浮→改刀装盘

【制作方法】

①将面粉放入容器中，搕入鸡蛋，加清水，调成鸡蛋面糊待用。

②将葱、火腿、熟精肉分别切成细丁，装入容器中，加入香油、味精等拌匀成馅。

③炒锅上火，锅烧热时，放入鸡蛋面糊，摊成直径为30厘米的圆蛋皮，平铺在案板上，放入馅心，由四边向中间包叠，折头处用鸡蛋面糊封口，成长方形的锅饼生坯。

④炒锅上火，放入色拉油，待油温升至五成热时，将锅饼生坯放入锅中，炸至锅饼上浮、鼓起、呈金黄色时捞起沥油，用刀切成12块长方形，装入盘中，淋上香油即可。

【制作要点】

①鸡蛋面糊调制要厚薄适中。

②炸制锅饼油要少，温度不宜高。

【成品特点】外脆里嫩，味醇香浓。

月牙蒸饺

【用料规格】富强粉250克，白糖30克，猪肋条肉900克，酱油150克，葱、姜末、虾子等适量。

【工艺流程】猪肋条肉绞碎，加入调料拌匀→调制肉馅→制成烫面→摘剂→擀饺皮→包馅→包捏成形

【制作方法】

①制鲜肉馅。先把猪肋条肉绞碎，加入适量姜末、料酒拌匀，再放入酱油、白糖、盐、香油、胡椒粉搅匀，分2~3次加水，搅至黏稠上劲，即可冷冻备用。

②调制烫水面团。面粉放在案板上，中间扒一凹槽，倒入沸水调制成雪花面，淋上少许冷水，揉成稍硬的面团，搓条，摘剂，擀成直径8厘米、中间厚、四周稍薄的圆皮。

③左手托皮，右手刮入馅心，成枣核形。然后用左手的拇指、食指和中指将皮子托起，中指放在下面，食指护住皮子的外边，拇指顶住皮子的里边，将皮子分成内四、外六，将拇指弯起，用指关节顶住皮子的里边，捏出瓦楞形的褶12个，最后捏出饺子左边的一只角，成月牙蒸饺生坯。

④将生坯置旺火沸水锅上蒸约10分钟即成。

【制作要点】

①制馅要先调味后加水，分次加水后顺同一方向搅打上劲，馅制成后要冷冻一下再使用，便于包捏成形。

②面团用沸水烫透，软硬度要合适。面团软，制品容易变形。

③正确掌握月牙饺的捏制方法，条纹均匀清晰，外形饱满。

【成品特点】饺子形似月牙，不倒边，不翘角，造型美观，皮薄馅多，口味咸鲜。

桂花小元宵

【用料规格】糯米1 000克，绵白糖200克，糖桂花25克，细米粉、冷水等适量。

【工艺流程】淘米、沥水、磨粉、过筛→用竹刷淋上约10克清水，摇成绿豆大的粉粒→反复多次，摇成小圆子→将大的元宵捞出，再滚小的→制成大小一致的元宵→煮熟→撒上糖桂花装碗

【制作方法】

①将糯米倒入箩内，用冷水淘洗干净，沥去水分，放入竹匾内摊开，晾至米粒酥松，用石磨磨成米粉，放入绢丝筛中，筛成细米粉。

②取细米粉，撒入竹匾内，用竹刷淋上清水，先摇成绿豆大的粉粒，然后一边撒米粉一边淋清水一边摇晃，如此反复多次，摇成珍珠大的小圆子时，随即倒入大眼筛中筛一下，把上面的大圆子取出，筛下的小圆子再放入匾中滚大。如此反复，制成大小相等的小元宵。

③将小元宵倒入沸水锅中，煮两分钟，待全部浮起后，加清水1~2次，略煮一下即熟。

④将白糖、桂花分别放在10只碗内，把元宵舀入碗中即成。

【制作要点】元宵必须沸水下锅，煮的过程中必须点水。

【成品特点】色白如玉，质地软糯，形似珍珠，汤清味甜，桂花清香，柔韧适口。

芝麻凉卷

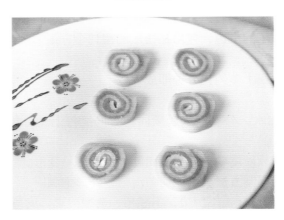

【用料规格】糯米2 500克，豆沙馅1 000克，芝麻末250克，白糖500克，冷水等适量。

【工艺流程】糯米淘净，冷水浸泡→旺火蒸熟→加入白糖搓匀→搓成糯米长条→抹上豆沙馅→卷起成如意状→表面撒上一层芝麻末→切成小段装盘

【制作方法】

①将芝麻淘净，倒入炒锅，用小火炒熟。出锅略凉，用面杖擀压成细末待用。

②将糯米淘净，放入盆中，用冷水浸泡4个小时，捞起放入沸水笼中用旺火蒸熟。取一块干净白布用清水浸湿，将糯米饭包入白布中，放在案板上搓烂，并趁热加入白糖搓匀。

③在案板上均匀地撒上一层芝麻末，将搓好的糯米滚沾上芝麻末后搓成长条，并切成数块。再搓成细长条，用手压扁成片，抹上一层豆沙馅。抹匀抹平后，从两头向中间同时卷起，直到中间相接，成如意状，表面撒上一层芝麻末，切成小段装盘。食用时带白糖碟上桌，蘸食。

【制作要点】

①芝麻要淘洗干净。

②糯米饭要搓烂。

【成品特点】口感软糯，清香爽口。

三鲜馄饨

【用料规格】面粉500克，净猪腿肉350克，干米粉100克，蛋皮丝100克，鸡蛋清50克，净青鱼肉50克，鲜虾仁50克，青蒜末15克，绍酒15克，食碱50克，鸡蛋1个，盐10克，味精10克，鸡清汤（咸味）2 000克，熟猪油60克，清水等适量。

【工艺流程】和面、揉面、制皮→将猪腿肉、青鱼肉洗净，分别切、剁成米粒状→加入虾仁拌和→调味，搅拌成馅心

【制作方法】

①将面粉放入面缸中，中间扒窝。把食碱用清水溶化后倒入，加入鸡蛋清，揉成雪花面，饧20分钟后再反复揉，擀成薄皮，用刀切成9厘米的正方形馄饨皮子共100张。

②将猪腿肉、青鱼肉洗净，分别切、剁成米粒状，与虾仁一同放入盆内，加鸡蛋、绍酒、盐、味精、清水等，搅拌均匀成馅心。

③将面皮斜放在左手掌上，挑入馅心，然后将皮的一角向前翻卷，包住馅心卷至面皮的一半，呈三角形，将翻卷处两端搭住，捏成"元宝状"的生馄饨。

④将味精、熟猪油、青蒜末平分放入10只碗中。在铁锅内加入2 000克清水，用旺火烧沸，将生馄饨分两批煮，煮至沸腾时加少许清水。待馄饨浮起时，在每只碗中冲入事前调制的200克鸡清汤，然后将馄饨捞出装于碗内，撒上蛋皮丝即成。

【制作要点】

①馄饨皮要薄，馄饨必须沸水下锅。

②烧开后要点水。

【成品特点】皮子柔软滑爽，馅心鲜嫩异常，鸡汤味美可口。

酒 酿

【用料规格】糯米5 000克，甜酒药20克，清水等适量。

【工艺流程】糯米浸泡→蒸3分钟，直至能捻成碎粒→倒入甜酒药→用棉被将钵捂紧盖实→直至形成酒酿

【制作方法】

①将糯米淘洗干净，用清水浸泡，浸泡时间冬季为10小时，夏季为4小时，春秋季为6小时。将浸过的米上笼猛蒸3分钟，掀开盖，用手指捻米粒，软糯、干燥，则表示蒸制成功。出笼后用凉开水冲凉，冲至饭粒松散，保持微温，将水滤出。

②将米饭放进用沸水烫干净的缸里，将甜酒药（根据季节增减）加进饭里，用铁铲上下翻拌。用沸水烫过的钵3只，每只钵中间放1个小玻璃瓶。将拌好的饭粒均匀地装在3只钵内，掀平后，抽出玻璃瓶，成为透气孔，再加上钵盖。

③将玻璃瓶静置24小时，至完全发酵，即可食用。

【制作要点】

①放置糯米的钵用沸水烫，不能沾冷水。

②用棉被将钵捂紧盖实，不能透风。24小时后取出，即为酒酿。

【成品特点】酒香，味甜，卤多，爽口。

1. 选择3款面点作品进行实践操作，并总结其制作要点。
2. 简述淮扬面点的风味特色。
3. 论述淮扬面点的形成过程。

参考文献

[1] 茅建民.面点工艺教程[M].北京：中国轻工业出版社，2009.

[2] 茅建民.热菜工艺教程[M].北京：中国轻工业出版社，2010.

[3] 茅建民.冷菜工艺教程[M].北京：中国轻工业出版社，2009.

[4] 江苏省扬州商业学校.扬州风味菜肴制作[M].上海：上海科学技术出版社，2005.

[5] 江苏省扬州商业学校.扬州风味面点制作[M].上海：上海科学技术出版社，2004.

[6] 闵二虎，穆波.中国名菜[M].重庆：重庆大学出版社，2019.